苹果病虫害诊断与防治图谱

主 编

王江柱　　王勤英

编 著 者
（以姓氏笔画为序）

王江柱　　王勤英　　尹英超　　宋　萍
张怀江　　张　杰　　周宏宇　　南宫自艳
徐建波　　解金斗

金盾出版社

内 容 提 要

本书以大量彩色照片配合文字辅助说明的方式,对苹果栽培过程中常见的病虫害进行讲解。分别从症状、发生特点、形态特征和发生规律等几项内容,对苹果病害(包括侵染性病害和生理病害)和虫害进行分析,并根据受害特点,从多个角度介绍防治方法。本书通俗易懂,图文并茂,技术可操作性强,适合广大果农阅读,亦可供相关专业技术人员参考使用。

图书在版编目(CIP)数据

苹果病虫害诊断与防治图谱/王江柱,王勤英主编.—北京:金盾出版社,2015.7(2019.3重印)

ISBN 978-7-5082-9826-9

Ⅰ.①苹⋯　Ⅱ.①王⋯②王⋯　Ⅲ.①苹果—病虫害防治—图谱　Ⅳ.①S436.611-64

中国版本图书馆 CIP 数据核字(2014)第 270700 号

金盾出版社出版、总发行

北京太平路 5 号(地铁万寿路站往南)

邮政编码:100036　电话:68214039　83219215

传真:68276683　网址:www.jdcbs.cn

北京军迪印刷有限责任公司印刷、装订

各地新华书店经销

开本:850×1168 1/32　印张:10.25　彩页:200　字数:170 千字

2019 年 3 月第 1 版第 4 次印刷

印数:12 001~15 000 册　定价:36.00 元

前　言

　　苹果是我国北方地区广泛栽培的最重要水果，近 10 年来栽培面积基本稳定在 200 万公顷以上，稳居世界第一苹果生产大国，并在我国农村经济发展、农业产业结构调整、农民增收致富等方面发挥着重要作用，甚至在许多果区已经成为农村经济的支柱产业。但是，我国苹果的优质果率仅占总产量的 30%、高档果不足 10%，与世界发达国家相比还有很大差距，如美国、日本等国的苹果优质果率可达 70%、供出口的高档果占 50% 左右。分析原因有许多方面，除栽培管理模式、施肥水平、观念意识等存在一定差距外，病虫害的准确诊断与防治及农药使用不当也是导致果品质量偏低的一个重要原因。因此，为了推进我国苹果生产质量的不断提高，提升广大果农及农技人员准确快速诊断病虫害的技能，科学选用优质、安全、无公害农药及推广病虫害综合管控技术，尽早实现苹果生产大国即为苹果生产强国的梦想，在金盾出版社的积极筹措下，我们组织编写了这本图文并茂的图谱。

　　全书分为病虫害诊断与病虫害防治两部分，先后介绍了病害 64 种（侵染性病害 47 种、生理性病害 17 种），害虫 55 种。病虫害诊断部分以图文结合的形式编排，力求诊断快速准确。书中精选了病虫害生态图片 607 幅，其中病害部分 372 幅、害虫部分 235 幅，绝大多数为笔者多年来的细心积累，更有许多图片属"可遇而不可求"的精品。所选彩色图片精准清晰，许多以多幅照片表现同一种病害或害虫的不同发生阶段、不同危害部位或不同形态，以利于准确对照诊断。病虫害防治部分以文字为主，内容通俗易懂，相应技术便于操作。

病虫害化学防治的农药品种，是以2012年中华人民共和国卫生部和农业部联合发布的《食品安全国家标准——食品中农药最大残留限量》（GB 2763——2012）的要求为参考。所涉及推荐农药的使用浓度或使用量，可能会因苹果品种、栽培方式、生长时期和栽培地域生态环境条件的不同而有一定的差异。因此，在实际选用过程中，以所购买产品的使用说明书为准，或在当地技术人员指导下进行使用。

在本书编写过程中，得到了河北农业大学科教兴农中心和植保学院的大力支持与指导，在此表示诚挚的感谢！陕西张锋岗、刘晓提供了部分照片，昆虫摄影爱好者董杰林和桂炳中提供了部分照片，同时，也向主要参考文献的作者表示深深的谢意！

由于笔者的工作地域、研究内容、生产实践经验及所积累的技术资料还十分有限，书中不足之处在所难免，恳请各位同仁及广大读者予以批评指正，以便今后不断修改、完善，为苹果产业更好服务。在此深致谢意！

编著者

目　录

1

第一章　苹果病害诊断

一、根朽病

根朽病又称根腐病，是一种重要的果树根部病害，在苹果、梨、桃、杏、李、核桃、柿、栗、枣、石榴、杨、柳、榆、桑和刺槐等多种果树及林木上均有发生。一般幼树发病较少，成龄树特别是老龄树受害较多，在我国苹果产区均有发生，且局部地区对苹果生产影响很大。

根朽病主要危害根部和根颈部，有时还沿主干向上部扩展（图1）。发病后的主要症状是：病部皮层与木质部间及皮层内部充满白色至淡黄褐色的菌丝层(图2)，该菌丝层外缘呈扇状向外扩展（图3），且新鲜菌丝层在黑暗处有蓝绿色荧光。初期皮层变褐、坏死，逐渐加厚并具弹性，皮层间因充满菌丝而分层成薄片状，有浓烈的蘑菇味；后期，病皮逐渐腐烂，木质部也朽烂破碎。高

图1　菌丝层扩展到主干的皮层与木质部间

温多雨季节，潮湿的病树基部及断根处可长出成丛的蜜黄色蘑菇状物（病菌子实体）。

图2 根部皮层与木质部间
充满白色菌丝层

图3 根朽病的扇形菌丝层

　　少数根或根颈部受害时，树体上部没有明显异常；随腐烂根的增多或根颈部受害面积的扩大，地上部逐渐显出各种生长不良症状，如叶色和叶形不正、叶缘上卷、展叶迟而落叶早、坐果率降低、新梢生长量小、叶片小而黄、局部枝条枯死等（图4）；最后全树干枯死亡。该病发展较快，一般病树从出现明显症状到全株死亡不超过3年。

图4 根朽病树生长衰弱

2

二、紫纹羽病

紫纹羽病也是一种重要的果树根部病害，除危害苹果树外，还能侵害梨、葡萄、桃、杏、枣、核桃、柿、茶、杨、柳、桑、榆、刺槐、甘薯、花生等多种果树、林木及其他作物，在我国各苹果产区均有发生。一般以成龄树和老果园发病较重。

紫纹羽病多从细支根开始发生，逐渐扩展到侧根、主根、根颈部甚至地面以上。发病后的主要症状是：病部表面产生紫色菌索、菌丝膜或菌核，受害部位皮层腐烂，木质部腐朽，但栓皮不腐烂，常呈鞘状套于根外。

发病初期，病根表面可见稀疏的紫色菌丝或菌索（图5），适宜条件下形成厚绒布状的紫色菌丝膜，有浓烈的蘑菇味；有时菌膜扩散到主干基部（图6）、树冠下（图7），甚至间作作物上（图8）。后期菌丝膜上可形成半球形紫色菌核（图9）；有时病部表面还可形成较粗壮的紫黑色菌索。随菌丝生长，病部皮层开始变褐

图5 病根表面的
紫色菌索

图6 树干基部
生有紫色菌膜

3

坏死，并逐渐腐烂，皮层组织腐烂后菌丝膜逐渐消失。后期皮下组织腐烂成紫黑色粉末，木质部腐朽易碎，有浓烈的蘑菇味。地上部表现与根朽病类似，初期为生长不良，逐渐树势衰弱（图10），最后造成植株枯死。

图7　蔓延至树冠下的紫色菌膜

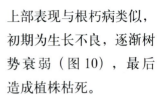

图9　树干基部表面的半球形紫色菌核

图8　花生上的紫纹羽病菌膜（左）

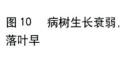

图10　病树生长衰弱，落叶早

4

三、白纹羽病

白纹羽病在我国各苹果产区均有发生，除危害苹果树外，还可侵害梨、桃、李、杏、葡萄、樱桃、茶、桑、榆、栎、甘薯、大豆和花生等多种果树、林木及农作物。

白纹羽病主要危害根部，多从细支根开始发生，逐渐向侧根、主根等上部扩展，但很少扩展到根颈部及地面以上。发病后的主要症状是：病根表面缠绕有白色或灰白色网状菌丝，有时呈灰白色至灰褐色的菌丝膜（图11）或菌索状（图12）；病根皮层腐烂，木质部腐朽，但栓皮不腐烂呈鞘状套于根外；烂根无特殊气味，腐朽木质部表面有时可产生黑色菌核。轻病树树势衰弱、发芽晚、落叶早、坐果率低；重病树枝条枯死，甚至全树死亡。

图11　病根表面的白色菌丝膜

图12　病根表面的白色菌索

四、白绢病

白绢病在各苹果产区均有发生，除危害苹果树外还可侵害梨、桃、葡萄、茶、桑、柳、杨、花生、大豆、甘薯和番茄等多种果树、林木及农作物。

在苹果树上主要危害根颈部，尤以地表上下 5～10 厘米处最易发病，严重时还可侵害叶片。根颈部发病初期，表面产生白色菌丝，其下表皮出现水渍状褐色病斑；随病情发展，白色菌丝逐渐覆盖整个根颈部，呈绢丝状（图13）。潮湿条件下，菌丝蔓延扩散很快，至周围地面及杂草上。后期根颈部皮层腐烂，有浓烈的酒糟味，并溢出褐色汁液，但木质部不腐朽。8～9月份，病部表面、根颈周围地表缝隙中及杂草上，可产生许多棕褐色至茶褐色的油菜籽状菌核（图14）。轻病树叶片变小发黄，枝条节间缩短，结果多而小；当茎基部皮层腐烂环绕树干后，导致树体全株枯死。叶片受害，形成褐色至灰褐色近圆形病

图13　主干基部的
绢状白色菌丝

图14　病菌在花生上
产生的菌核

6

斑，有褐色至深褐色边缘，表面常呈同心轮纹状（图15）。

图15　白绢病危害叶片状

五、圆斑根腐病

圆斑根腐病主要发生在北方苹果产区，除危害苹果外，还可侵害梨、桃、杏、葡萄、核桃、柿、枣、桑、柳、槐和杨等多种果树及林木。以须根及细小根系受害为主，造成病根变褐枯死，危害轻时地上部没有异常表现，危害较重时树上可见叶片萎蔫、青枯或焦枯等症状，严重时也可造成枝条枯死。

根部受害，先从须根开始，病根变褐枯死，后逐渐蔓延至上部的细支根，围绕须根基部形成红褐色圆形病斑，病斑扩大绕根后导致产生须根的细小根变黑褐色枯死，而后病变继续向上部根系蔓延，进而在产生病变小根的上部根上形成红褐色近圆形病斑，病变深达木质部，随后病斑蔓延成纵向的梭形或长椭圆形（图16）。在病害发生过程中，较大的病根上能反复产生愈伤组织和再生新根，导致病部凹凸不平、病健组织彼此交错。

地上部叶片及枝梢表现分为4种类型。

1. 萎蔫型　病株部分或整株枝条生长衰弱，叶片向上卷缩，小而色淡，新梢生长缓慢，叶簇萎蔫（图17），甚至花蕾皱缩不

能开放、或开花后不能坐果。枝条呈现失水状，甚至皮层皱缩，有时表皮干裂翘起呈油皮状。

图16 毛细根枯死后，扩展至细根上的坏死斑

图17 嫩梢干枯

2. **叶片青枯型** 叶片骤然失水青干，多从叶缘向内发展，有时也沿主脉逐渐向外扩展。病、健分界处（青干组织与正常组织分界处）有明显的红褐色晕带（图18）。严重时全叶青干，青干叶片易脱落。

3. **叶缘焦枯型** 叶片的叶尖或叶缘枯死焦干，而中间部分保持正常。病叶不会很快脱落。

4. **枝枯型** 根部受害较重时，与受害根相对应的枝条产生坏

死，皮层变褐凹陷，枝条枯死。后期，坏死皮层崩裂，极易剥离。

图18　叶片青枯

六、根癌病

根癌病在北方苹果产区均有发生，除危害苹果树外还可侵害梨、桃、李、杏、樱桃、葡萄、枣、栗和无花果等多种果树。主要危害根部和根颈部，有时也可发生在主干、主枝上。发病后的主要症状是：受害部位产生癌状肿瘤，肿瘤大小不一、形状不定，褐色至黑褐色，表面粗糙、木质化、较硬（图19、图20）。发病

图19　细支根上的肿瘤

图20　幼树主干基部肿瘤

9

初期，肿瘤小如豆粒，随肿瘤生长，可达核桃、拳头大小，甚至直径超过 33 厘米。病树多树势衰弱、生长不良，严重时亦可导致全株枯死，但枯死病株以苗木和幼树较多。

七、毛根病

毛根病主要危害根部，主根、侧根、支根均可受害，发病后的主要症状是在根部产生出成丛的毛发状细根（图21）。有时细根密集，使病根呈"刷子"状。由于根部发育受阻，病树生长衰弱（图22），但一般不易造成死树。

图21 幼树基部的毛发状细根

图22 盆栽毛根病树

八、腐　烂　病

腐烂病俗称"烂皮病"、"臭皮病"，是苹果树的重要病害之一，在北方苹果产区均有发生，且冬季越寒冷地区病害发生越重。发病严重果园，树干上病疤累累（图23），枝干残缺不全，甚至整株枯死、果园毁灭（图24）。

图23　腐烂病发生严重病树，伤痕累累

图24　腐烂病导致树体死亡、果园毁灭

腐烂病主要危害主干、主枝，也可危害侧枝、辅养枝及小枝、干桩、果台等，有时还可危害果实。发病后的主要症状为：受害部位皮层腐烂，腐烂皮层有酒糟味，后期病斑表面散生许多小黑点（病菌子座），潮湿条件下小黑点上可冒出黄色丝状物（孢子角）。

在枝干上，根据病斑发生危害特点分为溃疡型和枝枯型2种类型。

1. 溃疡型　多发生在主干、主枝等较粗大的枝干上，以枝、干分杈处（图25）及修剪伤口周围（图26、图27）发病较多，管理粗放果园亦常从老病斑处向外发生（图28、图29）。初期病斑红褐色（图30），微隆起（图31），水渍状，组织松软，并可流出褐色汁液（图32），病斑椭圆形或不规则形，有时呈深浅相间的不明显轮纹状；剥开病皮，整个皮层组织呈红褐色腐烂（图33、图34），并有浓烈的酒糟味。病斑皮层烂透，且皮下木质部

图25　病斑从枝杈夹角处开始发生

图26　从锯口处开始发生
的典型腐烂病斑

图27　从剪口处开始发生
的病斑刮除后

图28　新病斑从老病斑
向外扩展

图 29 连续扩展多年的腐烂病斑
（已刮治）

图 30 病斑呈红褐色腐烂

图 31 新鲜病斑
边缘隆起

图 32 病斑表面流出
红褐色汁液

亦常受害，呈褐色坏死状（图35）。病斑出现 7 ～ 10 天后，病部开始失水干缩、下陷（图36），变为深褐色，酒糟味变淡，有时边缘开裂。约15天后，撕开病斑表皮，可见皮下聚有白色菌丝层及小黑点（图37）；后期小黑点顶端逐渐突破表皮，在病斑表面呈散生状（图38、图39）；潮湿时，小黑点上产生橘黄色卷曲的丝状物（图40），俗称"冒黄丝"。当病斑绕枝干一周时，造成整个枝干枯死（图41、图42），严重时导致死树甚至毁园。

2. 枝枯型 多发生在衰弱枝、较细的枝条及果台等部位，常造成

图33 腐烂病皮呈红褐色

图34 病皮与健皮颜色比较

图35 病皮下木质部也发生变色

图 36　病斑失水干缩下陷，颜色变深

图 37　病皮下逐渐形成子座组织（小黑点）

图 38　病斑表面散生许多小黑点

图 39　小黑点局部放大

15

图40 小黑点上溢出橘黄色孢子角

图41 腐烂病导致
大枝枯死

图42 主干溃疡型病斑
导致上部枯死

枝条枯死。枝枯病斑扩展快，形状不规则，皮层腐烂迅速绕枝一周，导致枝条枯死（图43）。有时枝枯病斑的栓皮易翘起剥离（图44）。后期病斑表面也可产生小黑点（图45），并冒出黄丝。

果实受害，多为果枝发病后扩展到果实上所致。病斑红褐色，圆形或不规则形，常有同心轮纹，边缘清晰，病组织软烂（图46），略有酒糟味。后期病斑上也可产生小黑点（图47）及冒出黄丝，但比较少见（图48～52）。

图 43　枝枯型病斑
造成枯枝

图 44　枝枯型腐烂病斑

图 45　枝枯型病枝表
面也可产生小黑点

图 46　腐烂病病果

图47 腐烂病病果表面也可产生小黑点

图48 刮粗翘皮，预防腐烂病

图49 "割治法"治疗腐烂病斑

图50 腐烂病斑的包泥治疗

图51　桥接促进树势恢复

图52　树干涂白

九、干　腐　病

　　干腐病又称胴腐病，是苹果树重要枝干病害之一，在许多苹果产区均有不同程度发生，一般主要危害衰弱的老树及衰弱枝条和定植后管理不良的幼树，既可危害主干、主枝、侧枝和小枝等枝干部位，又可危害果实。因危害部位及树势强弱不同，可将枝干受害按表现分为溃疡型、条斑型和枝枯型3种类型，后期各类型病斑表面均散生许多小黑点（图53），潮湿环境时可溢出灰白色黏液（图54）。

图53　病斑表面密生小黑点　　　图54　病斑小黑点上溢出灰白色黏液

1. **溃疡型**　多发生在主干、主枝及侧枝上。初期病斑暗褐色，较湿润，稍隆起（图55），常有褐色汁液溢出，俗称"冒油"。

后期，病斑失水，干缩凹陷，表面发生龟裂（图56、图57）；有时栓皮组织呈"油皮"状翘起（图58），病斑椭圆形或不规则形。病斑一般较浅，不烂透皮层，有时可以连片；但在树势衰弱时整个皮层可以烂透，且病斑环绕枝干后造成上部枝干枯死。

图55　溃疡型病斑
　　　有时边缘隆起

图56　　侧枝上的溃疡型
病斑，表面龟裂

图57　　主干上的溃疡型
病斑，表面龟裂

**图 58　溃疡型病斑
栓皮翘起**

**图 60　条斑型
干腐病病枝**

2. **条斑型**　主干、主枝、侧枝及小枝上均可发生，其主要特点是在枝干表面形成长条状坏死病斑。初期病斑暗褐色（图 59），发展后表面凹陷，边缘开裂（图 60）；后期病斑干缩，表面产生纵横裂纹，或栓皮组织呈"油皮"状翘起（图 61），常密生许多小黑点。病斑多将皮层烂透，深达木质部。

3. **枝枯型**　多发生在小枝上，病斑扩展迅速，面积较大，常围枝一周，造成枝条枯

图 59　条斑型早期病斑

图 61　条斑型病斑表层栓皮翘起

21

死，表面亦常产生翘起栓皮（图62）。初期病斑褐色至红褐色，隆起不明显（图63），扩展后成褐色至深褐色，形状多不规则（图64）。后期枯枝表面密生许多小黑点，多雨潮湿时，小黑点上可产生大量灰白色黏液。

　　果实受害，初为黄褐色近圆形小斑，扩大后形成轮纹状果实腐烂，即"轮纹烂果病"（图65）。

图62　枝枯型的枯死枝条

图63　枝枯型初期病斑

图64　枝枯型中期病斑

图65　干腐病造成的果实腐烂

十、银叶病

　　银叶病是一种系统侵染的真菌性病害，是苹果树重要病害之一，在全国许多苹果产区均有不同程度发生，但以黄河故道地区果园发生危害较重。

　　该病主要在叶片上表现明显症状，典型特征是叶片呈银灰色，并有光泽。该病主要危害枝干的木质部，病菌侵入后在木质部内生长蔓延，向上可蔓延至 1～2 年生枝条，向下可蔓延到根部，导致木质部变褐（图66、图67）、干燥，有腥味，但组织不腐烂。同时，病菌在木质部内产生毒素，毒素向上输导至叶片后，使叶片表皮与叶肉分离，间隙中充满空气，在阳光下呈灰色并略带银白色光泽，故称为"银叶病"（图68）。在同一树上，往往先从一个枝条上表现症状，后逐渐扩展到全树，使全树叶片均表现银叶。

银叶症状在秋季较明显，且银叶症状越重，木质部变色越深。重病树的病叶上常出现不规则褐色斑块，用手指搓捻，病叶表皮容

图66　银叶病枝条剖面与健枝（左）比较

图67　银叶病枝条木质部（上）颜色明显变褐

易破碎、卷曲，脱离叶肉。轻病树树势衰弱，发芽迟缓，叶片较小，结果能力逐渐降低；重病树根系逐渐腐烂死亡，最后导致整株枯死。病树枯死后，在枝干表面可产生边缘卷曲的覆瓦状淡紫色病菌结构（图69）。

图68　银叶病梢与健梢（右）比较

图69　银叶病病菌子实体

十一、木　腐　病

　　木腐病又称心腐病、心材腐朽病，是老龄树上普遍发生的一种枝干病害，在各苹果产区均有发生，除危害苹果树外，还可侵害梨、桃、杏、李、樱桃、核桃、柿、枣、杨、柳、榆和槐等多种果树及林木。

　　该病主要危害主干、主枝及大枝，以老树、弱树受害较多。

病树木质部腐朽（图70），多呈疏松淡褐色，间杂有白色至灰白色菌丝层，质软而脆，手捏易碎，承载力降低，刮大风时容易从病部折断。后期从伤口处产生病菌结构，该结构因病菌种类不同而有膏药状（图71）、马蹄状（图72）、贝壳状（图73）、覆瓦状、圆头状和扇状（图74）等多种形状和类型，多呈灰白色至灰褐色（图75）。病树树势衰弱，生长不良，结果量降低，发芽开花晚，落叶早，有时叶片变黄。严重时，树体逐渐枯死。

图70　病树木质部腐朽

图71　病树上的膏药状病菌

图72　病树上的马蹄状病菌

图73　病树上的贝壳状病菌

图 74　病树上的扇形病菌结构

图 75　引起木腐病的多孔菌

十二、枝干轮纹病

枝干轮纹病又称粗皮病，是仅次于腐烂病的重要枝干病害，在华北果区、辽宁果区、山东果区及黄河故道果区发生危害严重，西北果区发生较少。特别是在富士苹果上发生严重，上述严重受害果区许多果园病株率达 100%，轻者造成树势衰弱、果实大量腐烂，重者导致植株枯死（图 76）、果园毁灭。

该病在主干、主枝、侧枝及小枝上均可发生，但以主干及较大的枝干受害为主，另外还可严重危害果实。枝干受害，初期以皮孔为中心形成瘤状突起（图 77、图78），而后在突起周围逐渐形成一近圆形坏死斑（图79），秋后病斑边缘产生

图 76　轮纹病导致死树

裂缝，并翘起呈马鞍形（图80）；翌年病斑上逐渐产生稀疏的小黑点（图81），同时病斑继续向外扩展，在裂缝外又形成一圈环形坏死斑，秋后该坏死环斑外又开裂、翘起（图82）。病斑连年扩展，即形成了轮纹状病斑（图83）。枝干上病斑多时，导致树皮粗糙，故俗称"粗皮病"（图84）。轮纹病斑一般较浅（图85），容易剥离，特别在1年生枝及细小枝条上（图86）。但在弱树的小枝或弱枝上，病斑突起多不明显（图87），且向外扩展较快，病斑面积较大（图88），并可侵入皮层内部，深达木质部，严重时造成枝条衰弱甚至枯死，这类病斑上当年即可散生出稀疏的小黑点（图89）。在衰弱老树或枝干上，由于病斑数量很大，枝干表面布满瘤状病斑,病斑周围的坏死斑不易出现，但这类病树逐渐衰弱，易造成植株枯死、甚至果园毁灭（图90）。

　　果实受害，形成轮纹状果实腐烂，即"轮纹烂果病"。

图77　初期病斑隆起呈疣状

图78　当年生枝上的轮纹病斑

图79 1年生轮纹病斑

图81 病斑上散生小黑点

图80 1年生轮纹病斑边缘
开裂翘起

图82 2年生轮纹病斑

图83 多年生轮纹病斑

图 84　许多轮纹病斑导致树皮粗糙

图 85　轮纹病斑的
皮下坏死组织

图 86　当年生枝上的轮纹病斑
仅在表层

图 87　弱树枝的病斑多不隆起

图 88　衰弱树上，病斑扩展较大

图 89　衰弱枝条的病斑上当年
　　　　即可产生小黑点

图 90　轻刮轮纹
病斑进行防治

十三、轮纹烂果病

轮纹烂果病是枝干轮纹病菌和干腐病菌侵害果实、导致果实腐烂的总称（两种病菌导致果实受害的症状表现很难区分），是造成果实腐烂和产量损失的最重要果实病害，在各苹果产区均有发生，特别是夏季多雨潮湿地区发生危害较重，严重年份不套袋苹果烂果率常达50%以上。虽然近些年许多果区推广并广泛实施了果实套袋技术，在很大程度上降低了该病的发生危害，但没有套袋的果实受害依然非常严重。因此，该病仍然是目前苹果产区的重要果实病害之一，必须高度警惕和重视。

该病的典型症状是：以皮孔为中心形成近圆形腐烂病斑，淡褐色至深褐色，表面不凹陷，病斑颜色深浅交错呈同心轮纹状。

病斑多从近成熟期开始发生，采收期至贮运期继续发生。初期以皮孔为中心产生淡红色至红色斑点（图91），扩大后成淡褐色至深褐色腐烂病斑，圆形或不规则形；典型病斑有颜色深浅交错的同心轮纹，且表面不凹陷（图92、图93）。病果腐烂多汁（图94），腐烂果肉没有特殊异味。病斑颜色因品种不同而有一定差异：一般黄色品种颜色较淡，多呈淡褐色至褐色（图95）；红色品种颜色较深，多呈褐色至深褐色（图

图91 病斑发生初期

图92 枝干轮纹病的典型轮纹状烂果

图93 干腐病的典型
轮纹状烂果

96）。套袋苹果腐烂病斑一般颜色较淡（图97）。有时病斑没有明显的同心轮纹（如室内常温存放时发生的病果、条件适宜时病斑迅速扩展的病果）（图98），有时病斑边缘有一个深色圆环（如冷库中发生的病果）。严重时，一个果实上常有多个病斑（图99）。后期，病部多凹陷，表面可散生许多小黑点（图100）。病果易脱落，严重时树下落满一层（图101）。

图94　轮纹病病果剖面

图95　黄色品种的果实上病斑颜色较淡

图96　红色品种的果实上病斑颜色较深

图97　套袋富士的轮纹烂果病病果

图98　有时病斑颜色较淡，且没有轮纹

图 99　一个病果上有多个病斑

图 100　从病斑中央开始散生小黑点

图 101　轮纹病导致大量落果

　　轮纹烂果病与炭疽病症状相似（图 102），容易混淆，可从 5 个方面进行比较区分。①轮纹烂果病表面一般不凹陷，炭疽病表面平或凹陷；②轮纹烂果病表面颜色较淡并为深浅交错的轮纹状，呈淡褐色至深褐色，炭疽病颜色较深且均匀，呈红褐色至黑褐色（图 103）；③轮纹烂果病腐烂果肉无特殊异味，炭疽病果肉味苦；④轮纹烂果病小黑点散生（图 104），炭疽病小黑点多排列成近轮纹状；⑤轮纹烂果病小黑点上一般不产生黏液，若产生则为灰白色，炭疽病小黑点上很容易产生粉红色黏液。

图 102　表面凹陷，且小黑点排列成近轮纹状的轮纹烂果病

图 103　轮纹病与炭疽病病斑剖面比较

图 104　轮纹烂果病的小黑点散生

十四、炭 疽 病

　　炭疽病又称苦腐病，在全国各苹果产区均有发生，尤以黄河故道苹果产区、天水"花牛"苹果产区发生危害较重，有些果园病果率可达 60%～80%，常造成严重损失。该病除危害苹果外，还可危害梨、葡萄、桃、李、枣和核桃等多种果树。

　　该病主要危害果实，有时也可危害果台、破伤枝及衰弱枝等枝条。果实受害，多从近成熟期开始发病，初为褐色小圆斑，外有红色晕圈，表面略凹陷或扁平（图 105）；扩大后呈褐色至深褐色（果实着色后病斑颜色较深），圆形或近圆形，表面凹陷（图 106），果肉腐烂，由浅而深可直达果心（图 107）。腐烂组织向果心呈圆锥状扩

图 105　炭疽病发生初期

34

展（图108），有苦味，故又称"苦腐病"。当果面病斑扩展到1厘米左右时，从病斑中央开始逐渐产生呈轮纹状排列的小黑点（图109），潮湿时小黑点上可溢出粉红色黏液（图110）。有时小黑点排列不规则，呈散生状（图111）；有时小黑点不明显，只见到粉红色黏液（图112）。病果上病斑数目多为不定，常几个至数十个（图113），多病斑常扩展融合，严重时造成果实大部分甚至全果腐烂；单病斑扩大后可使果实的1/3～1/2腐烂（图114）。病果易早期脱落，只有少数悬挂枝头，失水而干缩为黑色僵果。晚秋受侵染的果实，因温度降低而扩展缓慢，多形成深红色小斑点，且病斑中心常有一暗褐色小点。果台、破伤枝及衰弱枝受害，可形成不规则的褐色病斑，甚至扩展成溃疡斑，但多数症状不明显；而潮湿时病斑上均可产生小黑点及粉红色黏液。

图106　典型炭疽病病果

图107　红星苹果炭疽病斑的剖面

图108　病斑呈圆锥状向果心扩展

图 109　病斑较小时，即可产生小黑点

图 110　小黑点排列成近轮纹状，
　　　　其上溢出淡粉红色黏液

图 111　小黑点有时呈散生状

图 112　有时小黑点不明显，
　　　　仅能看到黏液

图 113　一个果实上有多个病斑

图 114　单病斑扩展较大

炭疽病与轮纹烂果病症状
相似，容易混淆（图 115），
但可从 5 个方面进行比较区分。
详见"轮纹烂果病"症状诊断
部分。

图 115　有时病斑颜色略呈轮纹状

十五、褐腐病

褐腐病只危害果实，是苹果重要的果实病害之一，在全国各苹果产区均有不同程度发生，以东北小苹果和种植密度较大的不套袋苹果园发生较多。该病除危害苹果外，还可侵害梨、桃、杏、李、樱桃等多种果树。

褐腐病多从近成熟期开始发生，直到采收期甚至贮运期。发病后的主要症状是：病果呈褐色腐烂，腐烂病斑表面产生灰白色霉丛或霉层（图116）。初期病斑多以伤口（机械伤、虫伤等）为中心开始发生，果面产生淡褐色水渍状小圆斑，后病斑迅速扩大，导致果实呈褐色腐烂；在病斑向四周扩展的同时，从病斑中央向外逐渐产生灰白色霉丛，霉丛多散生（图117），有时呈轮纹状排列（图118），有时密集成层状。病果有特殊香味，果肉松软呈海绵状，略有韧性；稍失水后有弹性，甚至呈皮球状。后期病果失水干缩，呈黑色僵果。贮运期果实受害，病果常呈现蓝黑色斑块。

图116　病果表面布满霉丛

图117　灰白色霉丛散生

图118　灰白色霉丛排列成近轮纹状

十六、霉心病

霉心病又称心腐病、果腐病，只危害果实，是苹果重要的果实病害之一，在我国各主要苹果产区均有不同程度发生，其中以元帅系苹果受害最重，有的果园元帅系苹果采收期的果实带菌率高达 70%～80%。早期常引起大量落果，贮运期导致果实大量腐烂。

该病从幼果期至成熟采收期乃至贮藏运输期均可发生，但以果实近成熟期至贮运期危害最重。发病后的主要症状特点是：从心室开始发病，逐渐向外扩展，导致心室发霉或果肉从内向外腐烂，直到果实表面。初期，病果外观基本无异常表现，而心室逐渐发霉（产生霉状物）；有的病果后期病菌突破心室壁向外扩展，逐渐造成果肉腐烂（图 119），最后果实表面出现腐烂斑块（图 120）。严重霉心病果，引起幼果早期脱落，心室坏死，心室内产生有粉红色（图 121）、灰白色、灰色（图 122）等颜色的霉状物；轻病果不脱落可正常成熟，但近成熟期后逐渐发病。根据症状表现霉心病主要分为 2 种类型。

图 119　心腐型病果前期（未烂至果面）

图 120　烂至果面的心腐型病果表面

图 121　粉红聚端孢霉病果

图 122　交链孢霉心腐型病果

1. **霉心型**　主要特点是心室发霉，在心室内产生粉红、灰绿、灰白、灰黑等颜色的霉状物，只限于心室，病变不突破心室壁，基本不影响果实的食用（图123）。

2. **心腐型**　主要特点是病变组织突破心室壁由内向外腐烂，严重时可使果肉烂透，直到果实表面，腐烂果肉味苦，经济损失较重（图124）。

图 123　霉心型病果

图 124　已烂至果面的心腐型病果

十七、套袋果斑点病

套袋果斑点病又称套袋果黑点病、套袋果红点病、套袋果黑红点病，只发生在套袋苹果上，是伴随果实套袋技术的普及而发生的一种新病害，在我国套袋苹果产区均有不同程度的发生，虽然不造成产量损失，但却是影响苹果品质的一种重要病害，严重果园病果率可达 60% 以上，经济损失巨大。

该病的主要症状是：果实表面产生一至数个褐色至黑褐色的凹陷小斑点，有时斑点中央有白末状果胶粉（图 125）。斑点多发生在萼洼处（图 126），有时也可产生在胴部、肩部及梗洼（图 127）。斑点只局限在果实表层，不深入果肉内部，也不能直接造成果实腐烂，但对果实外观质量和价格影响较大（图 128）。斑点自针尖大小至小米粒大小、甚至玉米粒大小不等，常几个至十数个，连片后呈黑褐色大斑。斑点类型因病菌种类及环境条件不同而分为黑点型、红点型及褐斑型 3 种。

图 125 病斑表面有白色粉末

图 126 斑点多发生在近萼洼处（套塑膜袋果）

图 127 梗洼端的病斑

图 128 病果、健果（右）比较

1. 黑点型　病斑褐色至黑褐色，较小，直径多为 1～3 毫米，常数个斑点散生，多发生在果实萼洼和梗洼（图 129）。

2. 红点型　病斑红褐色至褐色，外围常有淡褐色至红褐色晕圈，坏死斑点较大，可达 3～5 毫米，多发生在果实胴部的中下部（图 130）。

3. 褐斑型　病斑深褐色至黑褐色，多发生在果实胴部的中下部，直径由小到大不等，小至 1 毫米，大至十几毫米，有时较大病斑表面可产生灰色至灰黑色霉状物（图 131、图 132）。

图 129　黑点型病果（粉红聚端孢霉）

图 130　红点型病果（交链孢霉）

图 131　褐斑型病果（头孢霉菌）

图 132　病斑较大的褐斑型病果
（头孢霉菌）

十八、疫 腐 病

疫腐病又称实腐病、颈腐病，是危害苹果的重要病害之一，在许多苹果产区都有不同程度发生，个别地势低洼、阴雨潮湿的果园危害相对较重。特别是在矮化密植果园，应当引起高度重视。

该病主要危害果实，也可危害根颈部及叶片。果实受害，多发生于近地面处，幼果期至成果期均可发生。初期果面上产生边缘不明显的淡褐色不规则形斑块（图133）；高温条件下，病斑迅速扩大成近圆形或不规则形，甚至大部或整个果面（图134），边缘似水渍状，果肉呈淡褐色至褐色腐烂（图135～137）。有时病部表皮与果肉分离，外表似白蜡状。高湿时，在病斑表面产生有白色绵毛状物（菌丝体）（图138），尤其在伤口及果肉空隙处常见。腐烂果实有弹性，呈皮球状，后期失水干缩。病果易脱落，落地果实更易发病。

图133 果实上的初期病斑

图134 整个果实呈淡褐色腐烂

图135 许多受害幼果
（张峰岗提供）

图136 膨大期果实受害

图137　近成熟期果实受害

图138　病果表面产生有白色绵霉状物

　　根颈部受害，病部皮层变褐腐烂，严重时烂至木质部，高湿时腐烂皮层表面也可产生白色绵毛状物。轻病树，树势衰弱，发芽晚，叶片小而色淡，秋后叶片变紫、早期脱落。当腐烂病斑绕树干一周时，全树萎蔫、干枯而死亡（图

图139　病树干枯死亡

139）。叶片受害，多从叶缘开始发生，病斑灰褐色至暗褐色、水渍状，多不规则形；潮湿时病斑扩展迅速，使全叶腐烂。

十九、煤 污 病

　　煤污病又称霉污病，主要危害果实，有时也可危害叶片，在果实上俗称"水锈"。发病后的主要症状特点是：在果实或叶片表面产生棕褐色至黑色的煤烟状污斑，边缘不明显，用手容易擦掉。

　　果实受害，多从近成熟期开始发生，在果面上产生边缘不明显的煤烟状污斑，近圆形或不规则形（图140），严重时污斑布满大部或整个果面（图141），影响果实外观与着色。有时污斑

沿雨水下流方向分布（图142），故俗称为"水锈"。该病主要影响果实的外观质量、降低品质，一般不造成实际的产量损失。

叶片受害，在叶面上布满煤烟状污斑，严重影响叶片的光合作用（图143），导致产量降低、果实品质变劣、树势衰弱等。

图 140　典型的煤污病病果

图 141　严重病果受害状

图 142　水流状煤污病斑

图 143　叶片表面布满煤黑色霉状物

二十、蝇粪病

蝇粪病又称污点病，主要危害果实，发病后的主要症状是在果皮表面产生有黑褐色斑块，该斑块由许多蝇粪状小黑点组成，斑块形状多不规则。小黑点常散生（图144），表面光亮，稍隆起，有时呈轮纹状排列（图145）；其附生在果实表面，但用手难以擦去。该病主要影响果实的外观质量、降低品质，基本不造成实际的产量损失。蝇粪病常与煤污病混合发生，在同一果实上同时出现（图146）。

图144　蝇粪病斑上小黑点散生

图145　蝇粪病斑上小黑点
排成近轮纹状

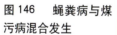

图146　蝇粪病与煤
污病混合发生

二十一、链格孢果腐病

链格孢果腐病又称黑腐病，在各苹果产区均有发生，主要危害近成熟期至采收后的果实，套袋苹果受害相对较多。病斑多从果实伤口处开始发生，初期产生褐色至黑褐色斑点，圆形或近圆形（图147），逐渐扩大后形成褐色至黑褐色腐烂病斑，表面明显凹陷（图148），严重时果实大半部腐烂，腐烂果肉呈深褐色至黑褐色（图149）。随病斑逐渐扩大，其表面或裂缝处可产生墨绿色至黑色霉状物（图150）。套纸袋苹果病斑表面颜色一般较淡，且霉状物有时呈灰褐色（图151）。

图147　病斑表面凹陷，
开始产生霉状物

图148　病果肉呈深褐色腐烂

图149　严重受害病果

图150　病斑表面产生有墨绿色
至黑色霉状物

图151　套袋病果，前期
病斑颜色较淡

46

二十二、红 粉 病

红粉病又称红腐病，主要危害以近成熟期至贮运期的果实，果实表面具有伤口是病害发生的主要因素。该病在各苹果产区均有不同程度发生，管理粗放果园常发生较重。发病后的主要症状是在病斑表面产生有淡粉红色霉状物。该病多从伤口处或花萼端开始发生，形成圆形或不规则形淡褐色腐烂病斑（图152）。初期病斑颜色较淡、表面不凹陷，后病斑颜色变深、且表面凹陷，甚至失水成皱缩凹陷，严重时造成果实大半部腐烂。随病斑逐渐扩大，其表面逐渐产生淡粉红色霉层（图153）。高湿环境时，花萼的残余部分上也可产生红粉状物（图154），进而形成病斑（图155）。

图152　从果柄基部开始受害的果实

图153　病果淡褐色腐烂，表面产生有淡粉红色霉状物

图154　残存的花蒂上腐生有红粉病菌

图155 病菌从花蒂上开始，导致果实腐烂

二十三、黑点病

黑点病主要危害果实，属零星发生病害，在许多苹果产区均有可能发生。多以皮孔为中心开始发病，形成深褐色至黑褐色或墨绿色病斑，大小不一，小似针尖状，大到直径5毫米左右，近圆形或不规则形，稍有凹陷，不深入果肉内部，主要影响果实的外观品质。后期病斑表面散生有小黑点（图156）。

图156 黑点病病果

二十四、黑腐病

黑腐病是苹果园内的一种较常见病害，我国各苹果产区均有

零星发生，枝梢、果实和叶片均可受害。在枝梢上主要危害 1 ～ 2 年生枝条，多从枯梢及枯芽处开始发病，形成赤褐色至黑褐色梭形溃疡斑，边缘不明显，中部稍凹陷，后期病斑表面散生小黑点。新发病组织紧贴木质部，后期病部皮层开裂翘起、甚至剥落，严重时导致枝梢枯死。果实受害，初期形成褐色圆形小斑点，后逐渐扩大为黑褐色至黑色腐烂病斑，表面常有同心轮纹，病组织较硬，有霉味；后期病斑表面皱缩，并逐渐散生出许多小黑点（图157）；最后皱缩成黑色僵果。叶片受害，展叶后即可发病，初期病斑为紫褐色圆形，扩大后成黑褐色至黑色圆斑，直径 2 ～ 10 毫米不等，边缘隆起，中部凹陷；后期病斑呈灰褐色，表面逐渐散生小黑点。

图157 黑腐病病果

二十五、灰 霉 病

灰霉病是一种苹果近成熟期至贮藏运输期的果实病害，在全国各苹果产区均有发生，一般多为零星危害。该病除危害苹果外，还可侵害梨、葡萄、樱桃、柿、草莓等多种水果。发病后的主要症状是在病斑表面产生一层鼠灰色霉状物，该霉状物受震动或风吹产生灰色霉烟。发病初期病斑呈淡褐色水渍状，扩展后形成淡褐色至褐色腐烂病斑，有时病斑略呈同心轮纹状，表面稍凹陷；

后期病斑表面或伤口处产生鼠灰色霉状物。严重时，病果大部或全部腐烂（图158）。

图158 灰霉病病果

二十六、青 霉 病

青霉病又称水烂病，简称"水烂"，主要危害近成熟期至贮藏运输期的果实，在全国各地均有发生，以苹果的贮运期发生较多，常以伤口为中心开始发病。初期病斑为淡褐色圆形或近圆形，扩展后呈淡褐色腐烂（湿腐），表面平或凹陷（图159），并呈圆锥形向果心蔓延。条件适宜时，病斑扩展迅速，10多天即可导致全果呈淡褐色至黄褐色腐烂（图160），

图159 青霉病多从伤口处开始发生

图160 青霉病导致病果呈淡褐色腐烂

腐烂果肉呈烂泥状（图161），表面常有褐色液滴溢出，并有强烈的特殊霉味。潮湿条件下，随病斑扩展，表面从中央向外可逐渐产生小瘤状霉丛，该霉丛初为白色，渐变为灰绿色或青绿色，有时瘤状霉丛呈轮纹状排列，有时霉状物不呈丛状而呈层状（图162）。霉丛或霉层表面产生灰绿色或青绿色粉状物，受震动或风吹时易形成"霉烟"。后期，病果失水干缩，果肉常全部消失，仅留一层果皮。

图161　青霉病果的腐烂果肉

图162　病果表面逐渐产生的灰绿色霉状物

二十七、果柄基腐病

果柄基腐病是一种弱寄生性真菌病害，在全国各地均有发生，主要发生在果实采收后的贮藏运输期，有时近成熟期的树上果实也可受害。发病初期，果柄基部产生淡褐色至褐色坏死斑点，多不规则形（图163）；扩大后形成近圆形腐烂病斑，褐色至深褐色（图164）。高湿条件时，病斑表面产生有灰白色至灰黑色霉状物。严重时，病斑向果实内部及周围扩展，造成果实大部分腐烂。另外，

51

该病发生后易诱发一些杂菌或霉菌二次侵染，进而导致果实严重受害。

图163 从果柄基部伤口处
开始发病

图164 病斑呈深褐色腐烂

二十八、泡斑病

泡斑病只危害果实，在果实皮孔周围形成淡褐色至褐色泡状病斑。多从幼果期开始发病，初期在皮孔处产生水渍状、微隆起的淡褐色小泡斑（图165），后病斑扩大、颜色变深、泡斑开裂、中部凹陷，圆形或近圆形，直径1～2毫米（图166）。病斑仅在表皮，有时可向果肉内扩展1～2毫米。严重时，一个果上生有百余个病斑，虽对产量影响不大，但商品价值显著降低。

图165 幼果受害状

图166 近成熟果上的病斑

二十九、花腐病

花腐病在花、幼果、幼叶及嫩枝上均可发生，以花与幼果受害较重。在苹果开花前后多雨潮湿的果区发生较多，如黑龙江、吉林、辽宁、四川等地，其他果区也有发生，但均危害不重。其中黑龙江果区发病最重，有些年份因此病减产30%以上。

1. 花腐　多从花柄开始发生，形成淡褐色至褐色坏死病斑，导致花及花序呈黄褐色枯萎。花柄受害后花朵萎蔫下垂，后期病组织表面可产生灰白色霉层（图167）。严重时，整个花序及果台叶全部枯萎（图168），并向下蔓延至果台副梢，在果台梢上形成褐色坏死斑，甚至造成果台副梢枯死。

图167　花柄及叶柄受害

2. 叶腐　幼叶展开后2～3天即可发病，在叶尖、叶缘或中脉两侧形成红褐色病斑（图169），逐渐扩大呈放射状，并可沿叶脉蔓延至病叶基部甚至叶柄，后期病叶枯死凋萎下垂或腐烂，严重时造成整个叶丛枯死、甚至新梢枯死（图170）。高湿条件下，病部逐渐产生大量灰白色霉状物。

图168　花序受害后干枯

3. 果腐 病菌多从柱头侵染，通过花粉管进入胚囊，再经子房壁扩展到表面。当果实长到豆粒大小时，果面出现褐色病斑，且病部有发酵气味的褐色黏液溢出（图171）。后期全果腐烂，失水后成为僵果。

4. 枝腐 叶、花、果发病后，向下蔓延到嫩枝上，形成褐色溃疡状枝腐，当病斑绕枝一周时，导致枝梢枯死（图172）。

图169　叶片受害状

图170　许多花序及叶片受害

图171　受害幼果表面
有褐色黏液溢出

图172　病斑蔓延至花丛枝上

三十、褐斑病

褐斑病又称绿缘褐斑病，是苹果早期落叶病的最重要病害之

一、全国各苹果产区均有发生，每年均需要药剂防治。多雨潮湿年份或果园，防治不当常造成大量早期落叶。受害严重果园7月份即开始落叶，8月份已造成大量落叶，导致发二次芽、长二次叶、开二次花，对树势和产量影响很大（图173）。

该病主要危害叶片、造成早期落叶（图174），有时也可危害果实。叶片发病后的主要症状是：病斑中部褐色，边缘绿色，外围变黄，病斑上产生许多小黑点，病叶极易变黄脱落（图175～177）。叶片上的症状分为3种类型。

图173　落叶后又长出幼嫩叶片
（二次发芽）

图174　严重时，树体中下部叶片
大量早期脱落

图175　褐斑病在叶片上的发生初期

图176　生长中后期叶片受害状

图 177　病叶易变黄脱落

图 178　同心轮纹型病斑

图 179　针芒型病斑

1. 同心轮纹型 病斑近圆形，较大，直径多 6～12 毫米，边缘清楚，病斑上小黑点排列呈近轮纹状。叶背为暗褐色，四周浅褐色，无明显边缘（图 178）。

2. 针芒型 病斑小，数量多，呈针芒放射状向外扩展，没有明显边缘，无固定形状，常遍布整张叶片，小黑点呈放射状排列或排列不规则。后期病叶逐渐变黄，病斑周围及叶背呈绿褐色（图 179）。

3. 混合型 病斑大，近圆形或不规则形，中部小黑点呈近轮纹状排列或散生，边缘有放射状褐色条纹或放射状排列的小黑点（图 180）。

果实多在近成熟期开始受害，病斑圆形，褐色至黑褐色，直径6～12毫米，中部凹陷，表面散生小黑点。仅果实表层及浅层果肉受害，病果肉呈褐色海绵状干腐，有时病斑表面常发生开裂（图181）。

图180　混合型病斑

图181　褐斑病危害果实

三十一、斑点落叶病

斑点落叶病是造成苹果早期落叶的重要病害之一，在全国各苹果产区均有不同程度发生，特别是在沿海果区及甘肃天牛苹果区发生危害较重，严重年份或果园常造成大量早期落叶。元帅系品种感病较重，富士系品种抗病性较强。

图182　嫩梢叶片容易受害

该病主要危害叶片，也可危害叶柄、果实及1年生枝条。叶片受害，主要发生在嫩叶阶段（图182），全年分为春季高峰和秋季高峰。发病初期，形成褐色圆形小斑点，直径 2 ～ 3 毫米（图 183）；后逐渐扩大成褐色至红褐色病斑，直径 6 ～ 10 毫米或更大，边缘紫褐色（图 184），近圆形或不规则形（图 185），典型病斑呈同心轮纹状（图 186）；严重时，病斑扩展联合，形成不规则形大斑（图 187），病叶多扭曲变形，并常造成早期落叶（图

图 183 叶片上的初期病斑

图 184 新鲜病斑边缘具有褐色晕环

图 185 叶片上的不规则形病斑

图 186 典型病斑表面具有同心轮纹

图 187 许多病斑连成不规则大斑

188、图189）。湿度大时，病斑表面可产生墨绿色至黑色霉状物（图190）。后期（特别是秋季），病斑变灰褐色（图191），有时易破碎，甚至形成不规则穿孔；严重时，枝梢上许多叶片受害，甚至脱落（图192）。叶柄受害，形成褐色长条形病斑，稍凹陷（图193），易造成叶片脱落。

图188　导致大量叶片早期脱落

图189　因病脱落的大量病叶

图190　病斑表面产生有黑色霉状物

图192　许多枝梢叶片严重受害状

图191　斑点落叶病后期病斑

图 193 严重时，叶柄也可受害

果实受害，多发生在近成熟期后，形成褐色至黑褐色圆形凹陷病斑，边缘常有红色晕圈，直径多为 2～3 毫米，不造成果实腐烂（图 194）。枝条受害，多发生在 1 年生枝上，形成灰褐色至褐色凹陷坏死病斑，椭圆形至长椭圆形，直径 2～6 毫米，后期边缘常开裂。

图 194 斑点落叶病危害果实状

三十二、轮 斑 病

轮斑病又称轮纹叶斑病、大斑病、大星病，在全国各苹果产区均有发生，但一般危害较轻。该病主要危害成熟期叶片，病斑多从叶缘或叶中开始发生（图 195），初为褐色斑点，逐渐扩展成半圆形或近圆形褐色坏死病斑，具明显或不明显同心轮纹（图 196、图 197），边缘清晰。病斑较大，直径多 2～3 厘米。潮湿时，病斑表面产生黑褐色至黑色霉状物（图 198）。不易造成叶片脱落。

图195 病斑从叶尖或叶缘开始发生

图196 病斑多呈同心轮纹状

图197 叶片病斑背面

图198 病斑表面产生有黑色霉状物

三十三、灰斑病

　　灰斑病主要危害叶片，有时也可侵害果实，在全国各苹果产区均有发生，但一般均危害较轻，很难造成早期落叶。叶片受害，初期病斑呈红褐色圆形或近圆形，边缘清晰，直径为 2 ～ 6 毫米；后病斑渐变为灰白色，表面散生多个小黑点（图199、图200）。病斑多时，常数个连合成不规则形大斑，严重时病叶呈现焦枯现象。果实受害，形成圆形或近圆形凹陷病斑，黄褐色至褐色，有时外围有深红色晕圈，后期病斑表面散生细微小黑点。

图 199　灰斑病叶片

图 200　许多叶片受害

三十四、圆 斑 病

　　圆斑病在全国各苹果产区均有不同程度发生，但一般均受害较轻，不易造成早期落叶。该病主要危害叶片，也可危害果实和枝条。叶片受害形成褐色圆形病斑，外围常有一紫褐色环纹，后期在病斑中部产生一个小黑点（图201）。果实受害，在果面上形成暗褐色圆形小斑，稍凸起，扩大后可达6毫米以上，边缘多不规则，后期表面散生出多个小黑点。枝条受害，形成淡褐色至紫色稍凹陷病斑，卵圆形或长椭圆形。

图 201　圆斑病病叶

三十五、白 星 病

白星病主要危害叶片，多在夏末至秋季发生。病斑圆形或近圆形，淡褐色至灰白色，直径为 2 ～ 3 毫米，表面稍发亮，有较细的褐色边缘，后期表面可散生多个小黑点（图 202）。病叶上常多个病斑散生，一般危害不重，但严重时也可造成部分叶片脱落。

图 202　白星病病叶

三十六、炭疽叶枯病

炭疽叶枯病是近几年新发生的一种叶部病害，7 ～ 8 月份多雨潮湿时常导致叶片大面积变黑褐色枯死，因由炭疽病菌引起，故而得此名。该病 1988 年首先由巴西报道，然后 1999 年美国也发现了此病，我国首次报道是 2010 年在江苏省丰县发现，目前山东、河南、江苏、安徽、河北等苹果产区都有发生，但以黄河故道果区发生最重。在感病品种嘎啦、金冠、乔纳金、陆奥、秦冠等苹果上，防治不当常造成大量早期落叶，对树势和产量影响很大。该病主要危害叶片，严重时还可危害果实。

叶片受害，初期产生深褐色坏死斑点，边缘不明显，扩展后形成褐色至深褐色病斑，圆形、近圆形、长条形或不规则形，病斑大小不等，外围常有黄色晕圈（图203），病斑多时叶片很快脱落。在高温、高湿的适宜条件下，病斑扩展迅速，1～2天内即可蔓延至整张叶片，使叶片变褐色至黑褐色坏死（图204），随后病叶失水焦枯、脱落，病树2～3天即可造成大量落叶（图205、图206）。环境条件不适宜时（温度较低或天气干燥），病斑扩展缓慢，形成大小不等的褐色至黑褐色枯死斑，且病斑较小，但有时单叶片上病斑较多，症状酷似褐斑病危害；该病叶在30℃下保湿1～2天后病斑上可产生大量淡黄色分生孢子堆，这是与褐斑病的主要区别。

图203 炭疽叶枯病前期病斑

图204 炭疽叶枯病后期病斑

图205 受害叶片易变黄脱落

图206 因病脱落的大量叶片

果实受害，初为红褐色小点，后发展为褐色圆形或近圆形病斑，表面凹陷，直径为2毫米左右，周围有红褐色晕圈（图207），病斑下果肉呈褐色海绵状，深约2毫米。后期病斑表面可产生小黑点，与炭疽病类似，但病斑小、且不造成果实腐烂。

图207　炭疽叶枯病在果实上的危害状

三十七、白 粉 病

白粉病是苹果树上的一种常见病害，在各苹果产区均有发生，近几年在西北苹果产区的危害呈加重趋势，严重果园病梢率达30%左右，甚至许多花序亦可受害。该病主要危害嫩梢和叶片，也可危害花序、幼果、芽及苗木，发病后的主要症状特点是在受害部位表面产生一层白粉状物。

新梢受害，由病芽萌发形成，嫩叶和枝梢表面覆盖一层白粉（图208），病梢细弱、节间短（图209）；严重时，一个枝条上可有多个病芽萌发形成的病梢（图210）；梢上病叶狭长，叶缘上卷，扭曲畸形（图211），质硬而脆；后期新梢停止生长，叶片逐渐变褐枯死、甚至脱落，形成干橛（图212）。适宜条件下，秋季病斑表面可产生许多黑色毛刺状物（图213）。嫩梢也可受害，表面产生白粉状物（图214）或黑色毛刺状物。展叶后受害的叶片，发病初期产生近圆形白色粉斑，病叶多凹凸不平、甚至皱缩扭曲

图 208　病梢叶片上的白粉状物

图 209　病梢受害状

图 210　严重时枝条上形成许多病梢

图 211　顶芽病梢

图 212　病梢叶片
后期逐渐干枯脱落

图 213　后期，病梢
嫩枝上产生许多黑
色毛刺状物

图214　嫩枝受害状

（图215、图216），严重时全叶逐渐布满白色粉层（图217），后期病叶表面也可产生黑色毛刺状物，特别是叶柄及叶脉上（图218）；病叶易干枯脱落。花器受害，多由病花芽萌发形成，花萼及花柄扭曲，花瓣细长瘦弱，病部表面产生白粉（图219），病花很难坐果。幼果受害，多在萼凹处产生病斑，病斑表面布满白粉，后期病斑处表皮变褐常形成网状锈斑。苗木受害，多从上部叶片开始发生，叶片及嫩茎表面常布满白色粉状物（图220）。

图215　叶正面白色粉斑

图216　叶背面白色粉斑

图217　嫩梢叶片受害

图218　叶背白粉状物上后期
产生黑色毛刺状物

图219 花芽病梢

图220 苗木受害新梢

三十八、锈 病

　　锈病又称赤星病，俗称"羊胡子"，在全国各苹果产区均有发生，以风景绿化区的果园发生危害较重，严重时造成早期落叶，削弱树势，影响产量。该病是一种典型的转主寄生性病害，其转主寄主主要为桧柏，没有桧柏的果区，锈病基本不能发生。

　　锈病主要危害叶片，也可危害果实、叶柄、果柄及新梢等绿色幼嫩组织。发病后的主要症状特点是：病部橙黄色，组织肥厚肿胀，表面初生黄色小点（性子器），后渐变为黑色，晚期病斑上产生淡黄褐色的长毛状物（锈子器）。

　　叶片受害，首先在叶正面产生有光泽的橙黄色小斑点（图221），后病斑逐渐扩大，形成近圆形的橙黄色肿胀病斑，叶背面逐渐隆起（图222），正面散生橙黄色小粒点（性子器）（图223），并分泌黄褐色黏液（性孢子的胶体液）；稍后黏液干涸，小粒点变为黑色(图224)，叶正面外围呈现黄绿色或红褐色晕圈(图225)；病斑逐渐肥厚，两面进一步隆起；晚期病斑背面丛生出许多淡黄褐色长毛状物（锈子器）（图226），毛状物破裂，散出黄褐色的粉状物（锈孢子）。叶片上病斑多时，病叶扭曲畸形（图

227），易变黄早落。

图 221 叶正面的初期病斑

图 222 叶背面的初期病斑

图 223 叶正面病斑上散生橙黄色小点

图 224 叶正面病斑上的小黑点变黑色

图 225 病斑外围叶片组织变色

图 226 叶背病斑表面逐渐
产生出灰白色毛刺状物

果实受害，症状表现及发展过程与叶片上相似，初期病斑组织呈橘黄色肿胀（图228），逐渐在肿胀组织表面散生颜色稍深的橘黄色小点（图229），稍后渐变黑色（图230），晚期在小黑点旁边产生黄褐色长毛状物。新梢（图231）、果柄、叶柄（图232）、叶片主脉（图233）也可受害，症状与果实上相似，但多为纺锤形肿胀病斑。

图227　叶片严重受害状（叶背）

图228　幼果受害初期

图229　幼果病斑表面散生许多橘黄色小点

图230　果实受害后期症状

图231　1年生枝条受害（锈孢子器）

图 232 叶柄也可受害

图 233 叶片主脉受害状

　　病菌侵染桧柏后，在小枝一侧或环绕小枝逐渐形成近球形瘤状菌瘿，淡褐色至褐色，大小不等，小如米粒，大到直径十几毫米。菌瘿初期表面平坦，后局部逐渐隆起，并表皮破裂，露出紫褐色凸起物（冬孢子角），似鸡冠状（图234）。翌年春季遇阴雨时，突起物吸水膨大，成黄褐色胶质花瓣状（图235）。严重时，一个枝条上形成许多瘿瘤，春季遇阴雨吸水时，常导致桧柏枝条折断。

图 234 转主寄主桧柏的受害状

图 235 桧柏上的冬孢子角萌发

三十九、黑星病

黑星病又称疮痂病，是欧美各国的重要苹果病害，在我国仅有少数地区发生，且主要危害小苹果，大苹果很少受害。据调查，东北三省发病较重，严重时造成早期落叶，影响树势和产量。该病主要危害叶片和果实，严重时也可危害叶柄、花及嫩枝等部位，发病后的主要症状特点是在病斑表面产生墨绿色至黑色霉状物。

叶片受害，正反两面均可出现病斑，病斑初为淡黄绿色的圆形或放射状（图236），逐渐变为黑褐色至黑色，表面产生平绒状黑色霉层（图237、图238），直径3～6毫米，边缘多不明显。后期，病斑向上凸起，中央变灰色或灰黑色（图239）。病斑多时，叶片变小、变厚、扭曲畸形，甚至早期脱落。叶柄受害，形成长条形病斑。

果实上幼果至成熟果均可受害，多发生在肩部或胴部，病斑初为黄绿色，渐变为黑褐色至黑色，圆形或椭圆形，表面产生灰黑色至黑色绒状霉层（图240、图241）。随果实生长膨大，病斑逐渐凹陷、硬化。严重时，病部凹陷龟裂（图242），病果变为凹凸

图236　叶片上的初期病斑

图237　叶片背面病斑

不平的畸形果。近成熟果受
害，病斑小而密集，咖啡色
至黑色，角质层不破裂（图
243）。

图 238　叶片正面严重
受害状

图 239　幼嫩叶片受
害，表面凹凸不平

图 240　幼果受害状

图 241　许多幼果受害

图 242　严重时，后期果
实病斑表面开裂

图 243   近成熟果
受害发病初期

四十、锈果病

　　锈果病又称花脸病，是苹果树上的一种重要系统侵染性病害，在全国各苹果产区均有发生，但发病率在果园间存在很大差异，重病果园病株率可达 50% 以上，而有些果园可能很轻甚至无病。该病主要在果实上表现明显症状，重病树果实严重发病，完全失去经济价值，轻病树果实产量降低、品质变劣。常见有 3 种症状类型。

　　1. 锈果型　　主要特点是在果实表面产生有锈色斑纹。典型症状是从萼洼处开始，向梗洼方向呈放射状产生 5 条锈色条纹，与心室相对应，稍凹陷（图244、图 245）。该条纹由表皮细胞木栓化形成，多不规则，造成果皮停止生长（图246）。后期严重病果，果面

图 244　从萼洼端产生 5 条
锈色条斑向梗洼方向生长

龟裂，果实畸形，果肉僵硬，失去食用价值（图247）。国光、白龙等品种上该类型表现较多。

图245　5条锈色条斑与心室相对应

图246　果面散布许多锈色斑纹，果实停止生长

图247　受害严重幼果，已开始开裂

2. 花脸型　　病果着色后开始表现明显症状，在果面上散生许多不着色的近圆形黄绿色斑块，使果面呈红绿相间的"花脸"状（图248、图249）。不着色部分稍凹陷，果面略显凹凸不平，导致果实品质降低。在元帅系品种、富士系品种上表现较多。

图248　典型的花脸型病果（元帅）

图249　套袋富士的花脸型病果

3. **混合型** 病果着色前，在萼洼附近或果面上产生锈色斑块或锈色条纹（图250）；着色后，在没有锈斑或条纹的地方或锈斑周围产生不着色的斑块而呈"花脸"状（图251）。即病果上既有锈色斑纹，又有颜色着色不均。主要发生在元帅系、富士系等着色品种上。

图250 富士苹果着色前的锈色斑纹

图251 混合型病果（红星）

另外，在苹果的黄色品种上（金冠等），有时还可形成绿点型症状，即在果实表面产生有多个稍显凹陷的绿色或深绿色斑块（图252）。

在同一株病树上，可以表现一种症状，也可表现多种症状。只要是锈果病树，全树的绝大多数果实均会发病，且只要结果，年年如此，不会有年份间的变化。

图252 绿点型病果

四十一、花 叶 病

花叶病是苹果树上普遍发生的一种病毒性病害，在各苹果产区普遍分布，据调查严重果园带毒株率可高达80%。病树生长缓慢，产量降低，品质下降，果实不耐贮藏，并易诱发其他病害，应当引起高度重视。

该病主要在叶片上表现明显症状，其主要症状是：在绿色叶片上产生褪绿斑块或形成坏死斑，使叶片颜色浓淡不均，呈现"花叶"状。花叶的具体表现因病毒株系及轻重不同而主要分为4种类型。

1. **轻型花叶型**　症状表现最早，叶片上有许多小的黄绿色褪绿斑块或斑驳，高温季节症状可以消失，表现为隐症（图253）。

图253　斑驳型花叶病

2. **重型花叶型**　叶片上有较大的黄白色褪绿斑块，甚至形成褐色枯死斑，严重病叶扭曲畸形，高温季节症状不能消失（图254～256）。

图254　重型花叶初期病叶

图255　病斑开始变褐枯死

图 256　重型花叶后期出现坏死斑

3. 黄色网纹型　叶片褪绿主要沿叶脉发生，叶肉仍保持绿色，褪绿部分呈黄绿色至黄白色（图 257）。

4. 环斑型　叶片上产生圆形或近圆形的黄绿色至黄白色褪绿环斑，有时呈绿岛状（图 258、图 259）。

图 257　黄色网纹型病叶

图 258　环斑型病叶

图 259　绿岛型病叶

四十二、绿皱果病

绿皱果病又称绿缩果病、绿缩病，只在果实上表面明显症状，其主要诊断特征是：病果凹陷斑下的维管束组织呈绿色并弯曲变形。果实发病，多从落花后 20 天左右开始，果面先出现水渍状凹陷斑块，形状不规则，直径 2～6 毫米；随果实生长，果面逐渐凹凸不平，呈畸形状；后期，病果果皮木栓化，呈铁锈色并有裂纹（图 260）。

图 260　绿皱果病病果

四十三、环斑病

环斑病又称环斑果病，只在果实上表现明显症状。当果实几乎停止生长时开始发病，在果面上形成大小不一、形状不规则的淡褐色斑块，或弧形或环形斑纹，且果实越接近成熟病斑越明显。病斑仅限于果实表皮，不深入果肉。病果风味没有明显变化（图 261）。

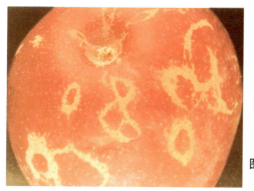

图 261　环斑病病果

79

四十四、畸果病

畸果病只在果实上表现明显症状，从幼果期至成果期均可发病。幼果发病，果面凹凸不平，呈畸形状，易脱落。近成熟果发病，果面产生许多不规则裂缝，但不造成果实腐烂（图 262）。

图 262　畸果病病果

四十五、衰退病

衰退病又称高接病，是伴随高接换头而逐渐发现的一种慢性衰退病害，在全国各苹果产区均有发生。该病多为复合侵染，常见由 3 种潜隐病毒引起，有的果园株带毒率高达 60%～80%。病树生长不整齐，新梢生长量小，结果较晚，产量降低，品质下降，需肥量增加。若遇不耐病毒砧木，将造成重大损失。

发病初期，病树的部分须根表面出现坏死斑块，随坏死斑块扩大，须根逐渐死亡，进而导致细根、支根、侧根、主根甚至整个根系相继死亡。剖开病根观察，木质部表面产生深褐色凹陷斑或凹陷裂沟（图 263），严重时从外表即可看出。根部开始死亡后，上部新梢生长量逐渐减少，植株生长衰退，叶片色淡、小而硬、脱落早，花芽形成量少，坐果率降低，果实变小，果肉变硬，甚至果面产生凹陷的条纹斑。当砧穗不亲和时，嫁接口周围肿大，形成"小脚"状，影响树体生长。

图263 衰退病病树的嫁接口处症状

四十六、扁枝病

扁枝病主要在枝条上表现明显症状，主要症状是造成枝条纵向凹陷或扁平，并扭曲变形。发病初期，枝条上呈现轻微凹陷或扁平状，随后凹陷部位发展成深沟，枝条呈扁平带状，并扭曲变形。病枝变脆，并出现坏死区域。扁平部位形成层活性降低，木质部形成减少，表面有条沟，但皮层组织正常。症状多发生在较老的枝条上，当年生枝上也有发生（图264）。

图264 扁枝病症状

四十七、纵裂病毒病

纵裂病毒病主要在枝干上表现明显症状，病树沿枝干纵向产生树皮裂缝是该病的主要诊断特点。病树枝干表面可以产生多条纵向条裂，严重时深达木质部，在木质部表面也有纵向凹沟（图265～267）。

图265　发病初期，树干树皮产生纵向裂缝

图266　主干上的纵向裂缝深达木质部

图267　主干树皮上具有多条纵向裂缝（白龙）

四十八、黄叶病

黄叶病又称缺铁症，主要危害苹果树嫩梢叶片，夏秋梢发病较重，在土壤中性及偏碱性苹果产区均有发生，且碱性越强果区病害发生越重。该病主要在叶片上表现症状，多从新梢顶端的幼嫩叶片开始发病，且以新梢叶片受害最重。初期叶肉变黄绿色至黄色，叶脉仍保持绿色，使叶片呈绿色网纹状（图268）；随病情加重，除主脉及中脉外，细小支脉及绝大部分叶肉全部变成黄绿色或黄白色，新梢上部叶片大都变黄或黄白色（图269）；严重时，病叶全部呈黄白色，叶缘开始变褐枯死（图270），甚至新梢顶端枯死、呈现枯梢现象（图271）。

图268　发病早期，仅叶肉变黄绿色

图269　严重时，叶肉组织呈黄白色

图270　叶缘开始变褐枯死

图271　黄叶病病树

83

四十九、小叶病

小叶病又称缺锌症，在全国各苹果产区普遍发生，受害严重果园及品种对树体生长及树冠扩大有严重影响。该病主要在枝梢上表现症状。病枝节间短，叶片小而簇生，有时呈轮生叶状，叶形狭长（图272），质地脆硬，叶色较淡，叶缘上卷，叶片不平展，严重时病枝逐渐枯死。病枝短截后，下部萌生枝条仍表现小叶（图273）。病枝上不能形成花芽；病树长势衰弱，发枝力低，树冠不能扩展，显著影响产量。

图272 病叶叶片细小

图273 小叶病枝梢

五十、缩果病

缩果病又称缺硼症，在全国各苹果产区均有发生，是影响果实质量的重要病害之一。缺硼严重时，大量枝条及芽枯死，严重影响树冠扩大及花芽分化，甚至造成大枝死亡。该病主要在果实上表现明显症状，严重时枝梢上也可发病。果实受害根据发病早晚及品种不同而分为果面干斑、果肉木栓及果面锈斑3种类型。

1. 果面干斑型　　落花后 15 天左右开始发生，初期果面产生近圆形水渍状斑点，皮下果肉呈水渍状半透明，有时表面可溢出黄色黏液。后期病斑干缩凹陷，果实畸形，果肉变褐色至暗褐色坏死。重病果变小，或在干斑处开裂，易早落。

2. 果肉木栓型　　落花后 20 天至采收期陆续发病。初期果肉内产生水渍状小斑点，逐渐变为褐色海绵状坏死（图 274），且多呈条状分布。幼果发病，果面凹凸不平，果实畸形，易早落；中后期发病，果形变化较小或果面凹凸不平（图 275），手握有松软感。重病果果肉内散布许多褐色海绵状坏死斑块（图 276），有时在树上病果成串发生（图 277）。

图 274　病果果肉发病初期

图 275　缩果病表面凹凸不平

图 276　果肉组织呈褐色海绵状坏死

图 277　许多果实严重受害

3. **果面锈斑型** 主要症状特点是在果柄周围的果面上产生褐色、细密的横条纹，并伴有开裂。果肉松软，淡而无味，但无坏死病变。

枝梢上的症状亦分为3种类型。

1. **枯梢型** 多发生在夏季，新梢顶端叶片色淡，叶柄、叶脉红色扭曲，叶尖、叶缘逐渐枯死；新梢上部皮层局部坏死，随坏死斑扩大，新梢自上而下逐渐枯死，形成枯梢。

2. **丛枝型** 枝梢上的芽不能发育或形成纤弱枝条后枯死，后枯死部位下方长出一些细枝，形成丛枝状。

3. **丛簇状** 芽萌发后生长停滞，节间短缩，枝上长出许多小而厚的叶片，呈丛簇状。

五十一、缺钙症

缺钙症是影响苹果质量的重要病害之一，在我国各苹果产区均有发生，特别是近几年发生危害程度有逐年加重趋势，应当引起高度重视。缺钙症主要在近成熟期至贮运期的果实上表现症状，根据症状特点分为痘斑型、苦痘型、糖蜜型、水纹型和裂纹型5种类型。有时在同一病果上可出现两种或多种症状（图278）。

1. **痘斑型** 俗称苦痘病，在果实萼端发生较多。初在果皮下产生褐色病变，表面颜色较深，有时呈紫红色斑点，后病斑逐渐变褐枯死，在果面上形成褐色凹陷坏死干斑，直径为2～4毫米，

图278 苦痘型、水纹型混合发生的病果

常许多病斑散生，病斑下果肉坏死干缩呈海绵状，病变只限浅层果肉，味苦（图279）。

图279　痘斑型病果（红星）

2. **苦痘型**　俗称苦痘病，发生及症状特点与痘斑型相似，只是病斑较大，直径达6～12毫米，多发生在果实萼端及胴部，一至数个散生。套袋富士系苹果发生较多（图280～283）。

图280　苦痘型病果

图281　苦痘型病斑剖面

图282　苦痘型严重病果（果实失水皱缩）

图283　浅层果肉的坏死干缩斑（苦痘型）

3. **糖蜜型** 俗称蜜病、水心病。病果表面出现水渍状斑点或斑块，似透明蜡质；剖开病果，果肉内散布许多水渍状半透明斑块，或果肉大部呈水渍半透明状，似"玻璃质"。病果"甜"味增加，但风味不正。病果贮藏后，果肉常逐渐变褐、甚至腐烂（图284～287）。

图284 黄色果实蜜病型果面症状

图285 红色果实蜜病型果面症状

图286 蜜病型轻型病果剖面

图287 蜜病型果肉较重受害状

4. **水纹型** 病果表面产生许多小裂缝，裂缝表面木栓化，似水波纹状。有时裂缝以果柄或萼洼为中心，似呈同心轮纹状。裂缝只在果皮及表层果肉，一般不深入果实内部，不造成实际的产量损失，仅影响果实的外观质量。富士系苹果发病较重（图288）。

5.裂纹型　症状表现与水纹型相似，只是裂缝少而深，且排列没有规则。病果采收后易导致果实失水干缩（图289）。

图288　水纹型病果

图289　裂纹型病果

五十二、虎 皮 病

　　虎皮病又称褐烫病，是果实贮藏中后期的一种生理性病害，在全国各地均有发生。其主要症状是：果皮呈现晕状不规则褐变，似水烫状。发病初期，果皮出现不规则淡黄褐色斑块（图290）；发展后病斑颜色变深，呈褐色至暗褐色，稍显凹陷（图291）；严重时，病皮可成片撕下。病果仅表层细胞变褐，内部果肉颜色不变，但果肉松软发绵并略有酒味，后期易受霉菌感染而导致果实腐烂。病变多从果实阴面未着色部分开始发生，严重时扩展到阳面着色部分。

图 290　虎皮病轻型病果

图 291　虎皮病重型病果

五十三、红玉斑点病

红玉斑点病因首次发现是在红玉品种上而得名，实际上其他品种也有发生，主要在贮藏期发病，全国各地均有发现。其主要特点是在果面上产生许多边缘清晰的近圆形褐色坏死斑点。该斑

点多以皮孔为中心发生，多数集中在向阳面，稍凹陷，褐色至黑褐色。病部皮层坏死，不深入果肉，对果实外观品质影响较大（图292）。

图 292　红玉斑点病病果

五十四、衰老发绵

衰老发绵仅发生在果实上，是果实过度成熟后的一种生理性

病害，采收前后均可发生，且随果实成熟度的增加病情逐渐加重。病果果肉松软，风味变淡，发绵少汁。发病初期，果面上出现多个边缘不明显的淡褐色小斑点（图293），后斑点逐渐扩大，形成圆形或近圆形淡褐色至褐色病斑，表面稍凹陷，边缘不清晰，病斑下果肉呈淡褐色崩溃，病变果肉形状多不规则、没有明显边缘。随病变进一步加重，表面病斑扩大、联合，形成不规则形褐色片状大斑，凹陷明显（图294），皮下果肉病变向深层扩展，形成淡褐色至褐色大面积果肉病变（图295）。后期，整个果实及果肉内部全部发病，失去食用价值（图296）。

图293　轻型病果果面表现

图294　重型病果果面症状

图295　较重病果果肉症状

图296　贮运期的病果

五十五、裂 果 症

裂果症简称裂果，主要发生在近成熟的果实上。在果实表面产生一至多条裂缝，裂缝深达果肉内部，大小、形状没有一定规则（图297、图298）。裂缝处一般不诱发杂菌的继发侵染，仅严重影响果品质量；但在潮湿环境中，亦常受杂菌感染，导致果实腐烂（图299）。

图297　初期裂果

图298　严重裂果

图299　裂口处腐生杂菌致使果实腐烂

五十六、日 灼 病

日灼病又称"日烧病"，主要发生在果实上，叶片和枝干上也可发生。果实受害，多在向阳面发生，初期果面呈灰白色至苍白色（图300），有时外围有淡红色晕圈；随后，受害果皮变褐色坏死（图301），坏死斑外红色晕圈逐渐明显（图302、图303）。果实着色后受害，灼伤斑多呈淡褐色，常没有明显边缘（图304、图305）。日灼病斑多为圆形或椭圆形，平或稍凹陷（图306），只局限在浅层果肉，不深入果肉内部。后期坏死病斑易受杂菌感染，表面常产生黑色霉状物（图307）。套纸袋果摘袋后如遇高温，表面病斑多不规则（图308、图309）。套塑膜袋果，在袋内即可发生日灼病（图310），症状表现及发展过程与不套袋果相同，有时后期易造成裂果（图311）。

图300　初期产生苍白色受害斑

图301　受害斑中部组织开始变褐

图302　受害斑外逐渐形成粉红色晕圈

图303　随病情发展，晕圈更加明显

图 304 红色品种成果期轻度受害

图 305 红色品种成果期较重受害

图 306 枯死斑逐渐凹陷

图 307 枯死斑表面有时易被霉菌腐生

图 308 套纸袋苹果摘袋后受害初期

图 309 套纸袋苹果摘袋后严重受害状

图 310 套塑膜袋果受害

图 311 套塑膜袋果受害后易发生裂果

叶片受害，初期叶缘或叶片中部产生淡褐色灼伤斑，没有明显边缘；随病情发展，灼伤斑逐渐变褐枯死；后期枯死斑易破裂穿孔。枝干受害，在向阳面形成淡褐色至褐色焦枯斑，没有明显边缘，易诱使腐烂病发生。

五十七、霜　环　病

霜环病是较重要的一种生理性病害，对果实品质影响很大，在全国各苹果产区均有发生，但以西北果区发生危害较重，严重年份果实受害率达 80% 以上，甚至有些果园达 100%，常造成严重损失。该病主要由于幼果受害引起，发病后症状因受害轻重程度及受害时期早晚不同而有差异。发病初期，幼果萼端出现环状缢缩（图 312），继而形成月牙形回陷，逐步扩大为环状回陷（图 313），深紫红色，皮下果肉深褐色，后期表皮木栓化，木栓化组织典型的呈环状（图 314～316），受害较轻时不能闭合（图 317、图 318），有时木栓化处产生裂缝。病果容易脱落（图 319），少数受害较轻果实能够继续生长至成熟，但在成熟果萼端留有木栓化环斑或环状坏死斑（图 320～324）。有时幼

图 312　幼果受害初期，萼端
产生变色环纹

图 313　红星幼果
轻度受害状

果胴部产生环状凹陷，并在凹陷处形成果皮木栓化状锈斑，这可能与幼果受害较晚有关。

图 314　幼果期的典型病果

图 315　幼果胴部的环状果锈斑

图 316　幼果萼端形成宽环状果锈斑

图 317　幼果萼端的坏死斑

图 318　幼果胴部的局部果锈斑

图 319　许多幼果严重受害

图 320　轻病果萼端产生
小型坏死斑或裂缝

图 321　成熟果的轻型症状

图 322　萼端果锈型病果

图 323　成熟果实胴部的局部果锈斑

图 324　成熟果实胴
部的环状果锈斑

五十八、冻害及抽条

冻害及抽条是由于外界环境温度急剧下降或绝对低温或温度

变化不平衡所导致的一种生理性伤害，根部、枝干、枝条、芽、花器、幼嫩叶片及果实都有可能受害，具体受害部位及表现因发生时间、温度变化程度不同而异。

1. 冬季绝对低温　冬季温度过低，常造成幼树枝干及枝条的冻伤、浅层根系冻伤或死亡、芽枯死等，导致春季不能发芽、或发芽后幼嫩组织又逐渐枯死、或枝条枯死等。冻害较轻时，上部枝条枯死后枝干下部还能萌生出幼嫩枝条（图325～327）。

图 325　主干下部皮层受冻

图 326　大树受冻害枯死

图 327　花芽受冻而死

2. 早春低温多风　造成枝条水分随风散失过多，而土壤温度较低（地温回升慢），根系尚未活动，不能及时吸收并向上补充水分，导致上部枝条枯死（抽条）。该类型多为小枝条受害，较大枝条正常，但严重时较大枝条亦常枯死，而下部枝干能正常萌发出健康枝条（图328）。

图328　抽条枯死的幼树上部

3. 发芽开花期低温　发芽开花期至幼果期，如遇低温（急剧降温，又称倒春寒）伤害，轻者造成幼果萼端冻伤，降低果品质量，甚至早期落果，幼嫩叶片扭曲畸形；重者将幼芽、花序及子房冻伤或冻死，造成绝产；开花期遭受较轻冻害时，柱头、花药变褐，甚至枯死，花瓣边缘干枯，在一定程度上影响坐果（图329～334）。

图329　花器受冻，花药、柱头枯死

图330　整个花序遭受冻害

图 331　遭受冻害
的子房组织

图 332　受冻花器，
子房变黑褐色

图 333　嫩芽受害状

图 334　嫩叶受冻后扭曲不平

五十九、果实冷害

　　果实冷害是发生在贮藏运输期的一种生理性病变，轻病果品质降低，重病果丧失食用价值，预防不当常造成严重损失。症状表现因贮藏环境温度不同及所处发展过程不同而稍有差异。当贮藏环境温度在 0℃以下时，果实受冻过程发展缓慢，初期果实外表没有异常，切开果实后果肉内出现淡褐色斑块，斑块边缘不明显（图 335）；随贮藏时间延长，果肉内褐变斑块逐渐扩大，直至大部分果肉呈淡褐色至褐色病变，维管束颜色较深（图 336）；后期，病变扩展到果面，在果面上出现淡褐色晕斑。当贮藏温度在 -10° 左右及更低时，果实受冻发展很快，初期果面上先产生淡褐色近圆形斑点，后很快形成淡褐色至褐色凹陷大斑（图 337），斑下果肉呈褐色至红褐色病变，常多个冻害斑散布。后期冷害果实常有腐烂气味。

图 335　初期病果剖面

图 336　后期病果剖面

图 337　果实表面冷害斑

六十、大　脚　症

　　大脚症只表现在主干基部的嫁接口处，采用中间砧的发生率较高，其主要症状特点就是在嫁接口上方形成一个球状膨大，而嫁接口下方显著缩小。即砧木部分较细，接穗部分异常粗大。主要是木质部形成的差异，皮层部分没有明显异常（图 338、图 339）。

图338 小树主干基部症状

图339 大树主干基部症状

六十一、果 锈 症

果锈症简称果锈，有些果园严重年份病果率常达80%以上，其主要症状是：在果实表面形成各种类型的黄褐色铁锈状果锈，幼果期至成果期均可发生。果锈实际为果实表皮细胞木栓化形成。轻病果果锈在果面零星分布，重病果几乎整个果面均呈黄褐色木栓化状，似"铁皮果"。该病主要对果实外观质量造成严重影响，并不对产量造成损失，甚至实际也不影响食用（图340～348）。

图340 幼果上的
果锈（金冠）

图 341　果实梗洼果锈

图 342　果实萼洼果锈

图 343　皮孔膨大型果锈

图 344　水纹状果锈

图 345　条纹状果锈

图 346　富士苹果严重果锈

图 347　金冠苹果严重果锈

图 348　许多果实均有果锈

六十二、雹　害

　　雹害又称雹灾，主要危害叶片、果实及枝条，危害程度因冰雹大小、持续时间长短而异。危害轻时，叶片洞穿、破碎或脱落，果实破伤、质量降低；危害重时，叶片脱落，果实伤痕累累、甚至脱落，枝条破伤，导致树势衰弱，产量降低、甚至绝产。特别严重时，果实脱落，枝断、树倒，造成果园毁灭（图349～354）。

图349　膨大期果实轻度受害（后期）

图350　前期曾经遭受过雹害的果实

图351　膨大期果实受害，后期裂果

图352　套袋果轻度受害状

图353　近成熟果受害伤口

图354　枝条受害状

六十三、盐碱害

　　盐碱害主要在叶片上表现明显症状，严重时嫩梢也可发病。发病初期，叶片色淡、稍小，并向叶背卷曲；稍后多从叶尖或叶缘开始变褐枯死，呈叶缘焦枯状，严重时叶片大部枯死。新梢发病，多形成枯梢。病树根系发育不良，吸收根较少（图355、图356）。

图355　盐碱害导致叶缘逐渐干枯

图356　受害枝条叶片黄弱、叶缘干枯

105

<h1>六十四、药 害</h1>

药害主要发生在苹果树的地上部分，地上各部位均可发生，但以叶片和果实受害最普遍。萌芽期造成药害，不发芽或发芽晚，且发芽后叶片多呈"柳叶"状。叶片生长期发生药害，因导致药害的原因不同而症状表现各异。药害轻时，叶片背面叶毛呈褐色枯死，在容易积累药液的叶尖及叶缘部分常受害较重；药害严重时，叶尖、叶缘、或全叶、甚至整个叶丛、花序变褐枯死。有时叶片上形成许多灼伤性枯死斑。有时叶片生长受到抑制，扭曲畸形，或呈丛生皱缩状，且叶片小、厚、硬、脆，光合作用能力显著降低，影响树势及产量（图357～365）。

图357 石硫合剂药害，叶片小而细长

图358 花序受害状

图359 轻度药害，叶毛变褐枯死

图 360　代森锰锌叶片药害

图 361　叶缘焦枯状药害

图 362　叶片百草枯初期药害

图 363　叶片受百草枯药害后期

图 364　多效唑药害，叶片小而卷缩

图 365　多次使用三唑类农药的药害

果实发生药害，轻者形成果锈，或影响果实着色；在容易积累药液部位，常造成局部药害斑点，果皮硬化，后期多发展成凹陷斑块或凹凸不平，甚至导致果实畸形。严重时，造成果实局部坏死斑，甚至开裂（图366～370）。

图 366　金冠苹果幼果期药害

图 368　铜制剂在果实上的药害斑

图 367　近成熟果的果锈状药害

图 369　百草枯药害初期

图 370　百草枯药害后期

枝干发生药害，造成枝条生长衰弱或死亡，严重时导致地上部全树干枯（图371、图372）。

图371 假"托福油膏"涂干，树干皮层干死爆裂

图372 假"托福油膏"涂干，致使树体死亡

第二章　苹果害虫诊断

一、绣线菊蚜

绣线菊蚜（*Aphis citricola* Van der Goot）属同翅目蚜科，又称苹果黄蚜，俗称腻虫、蜜虫，在我国普遍发生。其寄主有苹果、沙果、桃、李、杏、海棠、梨、木瓜、山楂、山荆子、枇杷、石榴、柑橘、绣线菊和榆叶梅等多种植物。以成蚜和若蚜刺吸新梢和叶片汁液进行为害。若蚜、成蚜常群集在新梢上和叶片背面为害，受害叶片向背面横卷，严重时新梢上叶片全部卷缩，严重影响新梢生长和树冠扩大。虫口密度大时，许多蚜虫还爬至幼果上为害果实（图 373 ～ 375）。

无翅孤雌胎生蚜体长

图 373　绣线菊蚜在新梢上的
严重为害状

图 374　在苹果嫩梢上
群集的绣线菊蚜

图 375　在幼果上为害的绣线菊蚜

1.6～1.7毫米，宽约0.95毫米。体黄色或黄绿色，头部、复眼、口器、腹管和尾片均为黑色，触角显著比体短，腹管圆柱形，末端渐细，尾片圆锥形，生有10根左右弯曲的毛。有翅胎生雌蚜体长约1.6毫米，翅展约4.5毫米，体色黄绿色，头、胸、口器、腹管和尾片均为黑色，触角丝状6节，较体短，体两侧有黑斑，并具明显的乳头状突起。若蚜体鲜黄色，无翅若蚜腹部较肥大、腹管短，有翅若蚜胸部发达，具翅芽，腹部正常。

卵椭圆形，长径约0.5毫米，漆黑色，有光泽（图376、图377）。

图376　绣线菊蚜的有翅蚜和无翅蚜

图377　绣线菊蚜的越冬卵及初孵若蚜

二、苹果瘤蚜

苹果瘤蚜（*Myzus malisutus* Matsumura）属同翅目蚜科，又名卷叶蚜虫，在我国大部分地区及日本、朝鲜均有分布。除为害苹果外，还可为害海棠、沙果、梨等。成蚜、若蚜群集叶片及嫩芽上吸食汁液，被害叶由两侧向背面纵卷成双筒状，叶片皱缩，瘤蚜在卷叶内为害，叶外面看不到瘤蚜。被害严重的新梢叶片全部卷缩，渐渐枯死。苹果瘤蚜发生期较早，通常仅为害局部新梢，

图 378 苹果瘤蚜的为害状

图 379 苹果瘤蚜

只有严重时才有可能全树枝梢被害（图 378）。

无翅胎生雌蚜体长约 1.5 毫米，暗绿色，头部额瘤明显；有翅胎生雌蚜的头、胸部均为黑色，腹部暗绿色，头部额瘤明显。若虫体小，淡绿色，体型与无翅胎生雌蚜相似。卵椭圆形，长约 0.6 毫米，漆黑色（图 379）。

三、苹果绵蚜

苹果绵蚜（*Eriosoma Lanigerum* Hausmann）属同翅目绵蚜科，又叫血色蚜虫、赤蚜、绵蚜等，原产于北美洲东部，随苗木传播至世界各地，目前我国绝大多数苹果产区均有分布。在我国除为害苹果外，还可为害海棠、山荆子、花红、沙果等植物。以成虫和若虫群集于剪锯口、病虫伤疤周围、枝干裂皮缝内、枝条叶柄基部和根部为害，严重时还可为害果实。被害部位多数形成肿瘤，肿瘤易破裂，受害处表面常覆盖一层白色棉絮状绵毛状物，剥开后内为红褐色虫体，易于识别。被害树生长发育及花芽分化受影响，产量降低，严重时可导致树体死亡（图 380 ～ 383）。

图 380 苹果绵蚜为害状

图 381 苹果绵蚜在剪锯口处为害

图 382 苹果绵蚜在小枝条上为害

图 383 苹果绵蚜在果实上为害

　　无翅胎生雌蚜卵圆形，体长约 2 毫米，身体赤褐色；头部无额瘤，复眼暗红色；腹背有 4 条纵列的泌蜡孔，分泌的白色蜡质绵状物聚集在受害处似棉絮状；腹管退化成环状，仅留痕迹，呈半圆形裂口。有翅胎生雌蚜体长较无翅胎生雌蚜稍短，头、胸部黑色，翅透明，翅脉和翅痣黑色，前翅中脉 1 分支；腹部暗褐色，覆盖的白色绵状物较无翅雌虫少；腹管退化为黑色环状孔。有性雌蚜体长 0.6 ～ 1 毫米，淡黄褐色；触角 5 节，口器退化；头部、触角及足为淡黄绿色，腹部赤褐色。有性雄蚜体长0.7毫米左右，体黄绿色；触角5节，末端透明，口器退化；腹部各节中央隆起，有明显沟痕。幼龄若虫略呈圆筒状，绵毛很少，触角5节，喙长超过腹部。四龄若虫体型似成虫。卵椭圆形，长径约0.5毫米，中间稍细，初橙黄色渐变褐色（图384、图385）。

图384 苹果绵蚜无翅蚜

图385 群集为害的苹果绵蚜

四、梨网蝽

梨网蝽（*Stephanitis nashi* Esaki *et* Takeya）属半翅目网蝽科，又名梨冠网蝽、梨花网蝽、军配虫，在我国大部分果区均有发生，主要为害苹果、梨、海棠、桃、杨梅等果树及多种花卉。以成虫、若虫在叶背吸食汁液为害，被害叶正面出现许多苍白色小点，叶片背面有褐色斑点状虫粪及分泌物，使整个叶背呈锈黄色，严重时导致被害叶片早期脱落（图386、图387）。

成虫体长3.3～3.5毫米，扁平，暗褐色。头小，复眼暗黑，触角丝状，翅上布满网状纹。前胸背板隆起，向后延伸呈扁板状，盖住小盾片，两侧向外突出呈翼状。前翅叠合，其上黑斑构成"X"形黑褐色斑纹。腹部金黄色，有黑色斑纹。足黄褐色。卵长椭圆形，长0.6毫米，稍弯，初期淡绿色渐变淡黄色。若虫暗褐色，翅芽明显，外形似成虫，头、胸、腹部均有刺突（图388、图389）。

图386　梨网蝽的叶正面为害状

图387　梨网蝽的叶背面为害状

图388　梨网蝽成虫

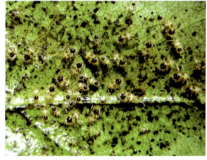

图389　梨网蝽若虫

五、山楂叶螨

山楂叶螨（*Tetranychus viennensis* Zacher）属蛛形纲真螨目叶螨科，又称山楂红蜘蛛。在我国分布很广，以北方苹果及梨产区发生较重，主要为害苹果、梨、桃、樱桃、山楂、李等果树。山楂叶螨主要在叶背面刺吸汁液为害，受害叶片正面出现失绿的小斑点，螨量多时失绿黄点连成片，呈黄褐色至苍白色；严重时，叶片背面甚至正面布满丝网，叶片呈红褐色，似火烧状，易引起大量落叶，造成二次开花。不但影响当年产量，还对以后2年的树势及产量也会造成不良影响（图390～392）。

图 390　山楂叶螨在叶背面为害

图 391　山楂叶螨吐丝结网为害状

图 392　山楂叶螨严重为害状

　　雌成螨椭圆形，体长 0.54～0.59 毫米，冬型鲜红色，夏型暗红色，体背前端隆起，背毛 26 根，横排成 6 行，细长，基部无毛瘤。雄成螨体长 0.35～0.45 毫米，体末端尖削，第一对足较长，体浅黄绿色至橙黄色，体背两侧各具一黑绿色斑。幼螨足 3 对，黄白色，取食后为淡绿色，体圆形。若螨足 4 对，淡绿色，体背出现刚毛，两侧有深绿色斑纹，老熟若螨体色发红。卵圆球形，春季卵橙红色，夏季卵黄白色（图393～395）。

图393　山楂叶螨雌成螨及卵

图394　山楂叶螨的冬型雌成螨

图395　释放捕食螨防治山楂叶螨

六、苹果全爪螨

苹果全爪螨（*Panonychus ulmi* Koch），属蛛形纲真螨目叶螨科，又称苹果红蜘蛛，在我国北方果区均有发生，主要寄主有苹果、梨、桃、李、杏、山楂、沙果、海棠、樱桃及观赏植物樱花、玫瑰等。以幼螨、若螨、成螨刺吸汁液为害，其中幼螨、若螨和雄成螨多在叶背面活动，而雌成螨多在叶正面活动。受害叶片变灰绿色，仔细观察正面有许多失绿小斑点，整体叶貌类似苹果银叶病为害，一般不易造成早期落叶（图396～398）。

雌成螨体长约0.45毫米，宽约0.29毫米，体圆形、深红色，背部显著隆起。背毛26根，较粗长，着生于粗大的黄白色毛瘤上。

足 4 对，黄白色。雄螨体长 0.3 毫米左右，体后端尖削似草莓状。初蜕皮时为浅橘红色，取食后呈深橘红色，刚毛数目与排列同雌成螨。幼螨足 3 对，越冬卵孵化出的第一代幼螨呈淡橘红色，取食后呈暗红色；夏卵孵化出的幼螨初为黄色，后变为橘红色或深绿色。若螨足 4 对，前期体色较幼螨深；后期体背毛较为明显，体型似成螨，可分辨出雌雄。卵扁圆形，葱头状，顶端有刚毛状柄，越冬卵深红色，夏卵橘红色（图 399 ~ 401）。

图 396　苹果全爪螨在叶片正面为害状

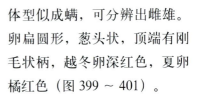

图 397　苹果全爪螨较重为害状

图 398　苹果全爪螨初孵幼螨在嫩叶上为害

图 399　苹果全爪螨雌螨（右）和雄螨（中）

图 400　枝干上越冬的苹果全爪螨卵　　图 401　苹果全爪螨越冬卵放大图

七、二斑叶螨

　　二斑叶螨（*Tetranychus urticae* Koch）属蛛形纲蜱螨目叶螨科，又称二点叶螨，俗称白蜘蛛，在我国许多苹果产区均有发生，可为害100多科植物，对苹果、梨、桃、杏、樱桃等均可造成严重为害，果园内间作的草莓、蔬菜、花生、大豆等也可严重受害。二斑叶螨主要在叶片背面吸取汁液为害，受害叶片先从近叶柄的主脉两侧出现苍白色斑点，螨量大时叶片变灰白色至暗褐色，严重时叶片焦枯甚至早期脱落。二斑叶螨有很强的吐丝结网习性，有时丝网可将全叶覆盖起来、并罗织到叶柄，甚至细丝还可在树体间搭接，叶螨顺丝爬行扩散。由于二斑叶螨体色和山楂叶螨的幼若螨体色相近，且二者均有吐丝结网习性，故常被误认为山楂叶螨的后期若螨（图402、图403）。

图 402　二斑叶螨为害的叶片正面

119

图 403　二斑叶螨结网为害状

雌成螨体长 0.42 ～ 0.59 毫米，体椭圆形，体背有刚毛26根，呈6横排。体色多为污白色、或黄白色，体背两侧各具1块暗褐色斑。越冬型为橘黄色，体背两侧无明显斑。雄成螨体长约0.26毫米，体卵圆形，后端尖削。体色为黄白色，体背两侧也有明显褐斑。幼螨球形，白色，足3对，取食后变为绿色。若螨卵圆形，足4对，体淡绿色，体背两侧具2个暗绿色斑。卵球形，初产时乳白色，渐变为橘黄色，孵化前出现红色眼点（图 404 ～ 406）。

图 404　二斑叶螨成螨

图 405　在纸袋上越冬的二斑叶螨

图 406　二斑叶螨的卵

八、苹果蠹蛾

苹果蠹蛾（*Cydia pomonella* L.）属于鳞翅目小卷叶蛾科，是世界著名的严重为害苹果生产的蛀果害虫之一，也是我国重要的对外检疫对象。该虫除为害苹果外，还为害梨、沙果、杏、桃、核桃等果树，常造成毁灭性损失。1953年我国新疆首次发现苹果蠹蛾，1989年扩散到甘肃敦煌地区，到2013年已经扩散到甘肃、宁夏、内蒙古、黑龙江以及辽宁等地，国内其他地区未见报道。苹果蠹蛾以幼虫蛀果为害，幼虫入果后直接向果心蛀食，取食果肉及种子，有时果面仅留一小点伤疤，虫多时果面虫孔累累。苹果被害后，蛀孔外部逐渐有褐色虫粪排出，堆积于果面上，以丝缀连成串，挂在蛀果孔处，严重时造成大量落果。早、中熟苹果落果较重，晚熟苹果落果较轻（图407）。

图407　苹果蠹蛾蛀果为害状

成虫体长8毫米，翅展15～22毫米，体灰褐色。前翅臀角处有深褐色椭圆形大斑，内有3条青铜色条纹，其间显出4～5条褐色横纹，翅基部颜色为浅灰色，中部颜色最浅，杂有波状纹。后翅黄褐色，前缘成弧形突出。初龄幼虫黄白色，老熟幼虫体长14～18毫米，头黄褐色，体多为淡红色，头部黄褐色。前胸盾片淡黄色，并有褐色斑点，腹足趾钩为单序缺环，臀板色浅，无臀栉。蛹黄褐色，体长7～10毫米，复眼黑色，后足及翅均超过

第三腹节而达第四腹节前端，第二至第七腹节背面均有2排刺，前排粗大，后排细小，第八至第十腹节背面仅有1排刺。卵扁平椭圆形，长1.1～1.2毫米，宽0.9～1.0毫米，中部略隆起，表面无明显花纹。初产时像一极薄的蜡滴，半透明，随着胚胎发育，中央部分呈黄色，并显出一圈断续的红色斑点，后连成整圈，孵化前能透见幼虫（图408～412）。

图408　苹果蠹蛾成虫

图409　苹果蠹蛾老熟幼虫

图410　正在脱果的苹果蠹蛾幼虫

图411　树干老翘皮下的苹果蠹蛾蛹

图412　果面上的苹果蠹蛾卵

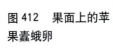

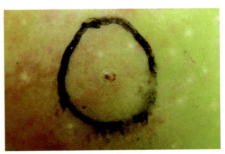

九、桃小食心虫

桃小食心虫（*Carposina sasakii* Matsmura）属鳞翅目蛀果蛾科，又称桃蛀果蛾，简称桃小，在我国分布范围很广，许多果区均有发生为害，除为害苹果外，还可为害海棠、沙果、梨、山楂、桃、杏、李、枣等果实，其中以苹果和枣受害最重。苹果受害，在幼虫蛀果后不久从入果孔处流出泪珠状的胶质点，胶质点很快干涸，在入果孔处留下一小片白色蜡质膜。随果实生长，入果孔愈合成一小黑点，周围果皮略呈凹陷。幼虫入果后在皮下潜食果肉，导致果面显出凹陷的潜痕，使果实逐渐畸形，即称"猴头果"。幼虫在发育的后期，食量增大，在果内纵横潜食，排粪于果实内部，使果实成"豆沙馅"状，导致果实失去商品价值（图413～416）。

图413 桃小食心虫蛀果后早期的"泪滴"

图414 桃小食心虫的蛀果孔

图415 桃小食心虫为害状
（果实表面）

图416 桃小食心虫为害状
（果实剖面）

123

雌虫体长 7 ～ 8 毫米，翅展 16 ～ 18 毫米；雄虫体长 5 ～ 6
毫米，翅展 13 ～ 15 毫米。全体灰白色至灰褐色，复眼红褐色。
雌虫唇须较长向前直伸，雄虫唇须较短而向上翘。前翅中部近
前缘处有近似三角形蓝灰色大斑，近基部和中部有 7 ～ 8 簇黄
褐或蓝褐色斜立鳞片。后翅灰色，缘毛长，浅灰色。小幼虫黄
白色；老熟幼虫桃红色，体长 13 ～ 16 毫米，前胸背板褐色，
无臀刺。蛹体长 6 ～ 8 毫米，淡黄色渐变黄褐色，近羽化时变
为灰黑色，体壁光滑无刺。茧有 2 种，一种为扁圆形的冬茧，
直径约 6 毫米，丝质紧密；一种为纺锤形的化蛹茧（也称夏茧），
质地松软，长 8 ～ 13 毫米。卵椭圆形或桶形，初产时橙红色，
渐变深红色，顶部环生 2 ～ 3 圈"Y"状刺毛，卵壳表面具不规
则多角形网状刻纹（图 417 ～ 421）。

图 417　桃小食心虫成虫

图 418　桃小食心虫幼虫

图 419　桃小食心虫冬茧

图 420　桃小食心虫的冬茧（左）
和夏茧（右）

124

图421 桃小食心虫卵

十、梨小食心虫

梨小食心虫 [*Grapholitha molesta*（Busck）] 属鳞翅目小卷叶蛾科，又称东方蛀果蛾、梨小蛀果蛾、桃折梢虫，俗称"梨小"，是世界性重要果树害虫。我国除西藏无报道外，其他省（区）都有分布，在梨、桃产区为害严重，主要为害梨、桃、苹果、海棠、李、杏、扁桃、樱桃、梅、山楂、榅桲、木瓜和枇杷等多种果树。广泛实施果实套袋栽培的果区，显著减轻了梨小食心虫对果实的为害，但在有些果树上还可蛀食果树嫩梢，导致嫩梢萎蔫。受害果实多从梗洼、萼洼及两果贴邻处蛀入，前期较浅，蛀孔周围显出凹陷，后期蛀孔周围绿色，并附有虫粪。虫道可直达果心，取食果肉及种子，虫道及种子周围留有虫粪。脱果孔较大（图422～425）。

图422 梨小食心虫为害苹果嫩梢

图 423　在苹果嫩梢内的
梨小食心虫幼虫

图 424　梨小食心虫蛀果为害状

图 425　被害苹果上的
梨小食心虫排粪孔

成虫体长 6～7 毫米，翅展 13～14 毫米，体灰褐色；前翅前缘有 8～10 条白色斜纹，翅面上有许多白色鳞片，翅中央偏外缘处有一明显小白点，近外缘处有 10 个小黑点；后翅暗褐色，基部颜色稍浅。低龄幼虫头和前胸背板黑色，体白色。老熟幼虫体淡黄白色或粉红色，体长 10～14 毫米，头褐色，前胸背板黄白色，半透明，背线桃红色，臀板上有深褐色斑点，腹部末端的臀栉 4～7 根，腹足趾钩单序环状。蛹体长约 6 毫米，长纺锤形，黄褐色，腹部第三至第七节背面各有 2 行短刺，蛹外包有白色丝质薄茧。卵长约 2.8 毫米，扁椭圆形，中央稍隆起，初产时乳白色、半透明，后渐变成淡黄色（图 426～431）。

图 426　梨小食心虫成虫

图 427 梨小食心虫幼虫

图 428 梨小食心虫的越冬幼虫

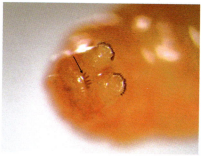

图 429 梨小食心虫幼虫腹末栉齿

图 430 梨小食心虫的蛹

图 431 梨小食心虫的卵

十一、桃蛀螟

桃蛀螟 [*Conogethes punctiferalis*(Guenée)]属鳞翅目螟蛾科，又称桃蠹螟、桃蛀斑螟、桃蛀野螟，俗称食心虫，在我国许多果区均有发生，是一种多食性害虫，为害范围很广，既可为害苹果、梨、桃、石榴、葡萄、李、山楂、梅、杏、梨、柿、板栗、核桃和柑橘等多种果实，又可为害玉米、高粱、向日葵、蓖麻等粮油作物。果树上以幼虫蛀食果实为害，蛀孔外留有大量虫粪，虫道内亦充满虫粪，受害果实时有脱落。

成虫体长 12 毫米，翅展 22 ~ 25 毫米。全体黄色，身体和翅面上具有多个黑色斑点，似豹纹状。卵椭圆形，长约 0.6 毫米，初产时乳白色，后变为红褐色，表面有网状斜纹。老熟幼虫体长 22 ~ 27 毫米，体背暗红或淡灰褐色，腹面淡绿色，头和前胸背板暗褐色，中、后胸及腹部各节背面各有 4 个灰褐色毛片，排成 2 列，前 2 个较大，后 2 个较小；臀板深褐色，臀栉有 4 ~ 6 个刺。蛹褐色或淡褐色，长约 13 毫米，腹部 5 ~ 7 节背面前缘各有 1 列小刺，腹末有细长卷曲的刺 6 根（图 432、图 433）。

图 432　桃蛀螟成虫

图 433　桃蛀螟幼虫

十二、棉　铃　虫

棉铃虫（*Helicoverpa armigera* Hübner）属鳞翅目夜蛾科，在我国分布非常广泛，可为害棉花、玉米、花生、大豆、番茄、辣

128

椒等多种农作物及蔬菜，并从20世纪90年代开始为害果树，近些年在苹果上的为害呈上升趋势，有些地方已成为苹果园的常发性害虫。棉铃虫三龄以前的幼虫主要啃食新梢顶部嫩叶，较大龄后开始转移到果实和叶片上取食为害，被害嫩梢和叶片呈孔洞、缺刻状，幼果受害被蛀食成孔洞状，蛀孔深达果心，常造成幼果脱落。每头幼虫可为害1～3个果实，大果被钻蛀1～3个虫孔，虫孔渐渐干缩，形成红褐色干疤，有时被病菌感染，造成烂果（图434～436）。

图434　为害嫩叶的低龄幼虫

图435　棉铃虫低龄幼虫蛀果为害

图436　棉铃虫大龄幼虫蛀果为害

　　成虫体长15～20毫米，翅展31～40毫米，复眼球形，绿色。雌蛾赤褐色至灰褐色，雄蛾灰绿色；前翅内横线、中横线、外横线波浪形，外横线外侧有深灰色宽带，肾形纹和环形纹暗褐色，中横线由肾形纹的下方斜伸到后缘，其末端到达环形纹的正下方；后翅灰白色，沿外缘有黑褐色宽带，在宽带中央有2个相连的白斑。老熟幼虫体长40～50毫米，头黄褐色，背线明显，各腹节背面具毛突，幼虫体色变异很大，可分为 4 种类型：①体色淡红，背线、亚背线褐色，气门线白色，毛突黑色；②体色黄白，背线、亚背线淡绿色，气门线白色，毛突黄白色；③体色淡绿，背线、亚背线不明显，气门线白色，毛突淡绿色；④体色深褐，背线、亚背线不太明显，气门线淡黄色，上方有一褐色纵带。蛹为被蛹，纺锤形，长 17 ~ 20 毫米，赤褐色至黑褐色，腹末有 1 对臀刺，刺基部分开。卵呈馒头形，中部通常有 26 ~ 29 条直达卵底部的纵隆纹；初产时乳白色，近孵化时有紫色斑（图 437 ~ 440）。

图 437　棉铃虫成虫

图 438　棉铃虫的绿色型幼虫

图 439　棉铃虫的褐色型幼虫

图 440　棉铃虫卵

十三、梨象甲

梨象甲（*Rhynchites foveipennis* Fairmaire）属鞘翅目卷象科，又称朝鲜梨象甲、梨果象甲、梨象鼻虫、梨虎，在我国许多果区均有发生，可为害苹果、梨、花红、桃、山楂、杏和枇杷等多种果树，成虫和幼虫均可为害。成虫食害嫩枝、叶片、花和果皮、果肉，幼果受害较重时常干萎脱落，不落者被害部位愈伤呈疮痂状，俗称"麻脸果"。另外，成虫产卵前后将产卵果果柄咬伤，导致产卵果多数脱落。幼虫孵化后在果内蛀食，未脱落的虫果经幼虫蛀食后常皱缩脱落，少数不脱落的果实多成凹凸不平的畸形果（图441～443）。

图441　梨象甲成虫为害幼果状

图442　梨象甲为害导致落果

图443　梨象甲为害幼果，导致落果满地

成虫体长 12～14 毫米，暗紫铜色，有金属闪光，头管长约与鞘翅纵长相似；雄虫头管先端向下弯曲，触角着生在前 1/3 处；雌虫头管较直，触角着生在中部。头背面密生刻点，复眼后密布细小横皱，腹面尤显。触角棒状 11 节，端部 3 节宽扁。前胸略呈球形，密布刻点和短毛，背面中部有"小"字形凹纹。鞘翅上刻点较粗大，略呈 9 纵行。卵椭圆形，长 1.5 毫米，初乳白色渐变乳黄色。幼虫体长约 12 毫米，乳白色，体表多横皱略弯曲；头小，大部缩入前胸内，前半部和口器暗褐色，后半部黄褐色；各节中

部有一横沟，沟后部生有一横列黄褐色刚毛,胸足退化。蛹长约 9 毫米，初乳白色渐变黄褐色至暗褐色，被细毛（图 444～446）。

图 444　梨象甲成虫

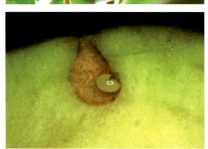

图 445　梨象甲卵

图 446　落果内的梨象甲幼虫及果内受害状

十四、绿盲蝽

　　绿盲蝽 [*Apolygus lucorum*（Meyer-Dür）] 属半翅目盲蝽科，

在我国除海南、西藏外各省（区）均有发生，以长江流域和黄河流域地区为害较重。绿盲蝽的寄主植物种类繁多，不仅为害苹果、梨、枣、葡萄、樱桃、桃、核桃和板栗等多种果树，还取食棉花、绿豆、蚕豆、向日葵、玉米、蓖麻、苜蓿、茼子、胡萝卜、茼蒿和甜叶菊等多种作物。在苹果上主要以成虫和若虫刺吸幼嫩组织，如新梢、嫩叶、幼果等。嫩叶受害，形成褐色坏死斑点，随叶片生长，逐渐形成不规则的黑色斑和孔洞，严重时叶片扭曲、皱缩、畸形。幼果受害，果皮下出现坏死斑点，随果实膨大，刺吸点处逐渐凹陷，形成直径 0.5 ～ 2.0 毫米的木栓化凹陷斑。果实上受害斑点多时表现畸形，品质显著降低（图 447 ～ 451）。

图 447　绿盲蝽为害嫩叶状

图 448　嫩叶受绿盲蝽为害的后期表现

图 449　嫩梢受绿盲蝽为害状

133

图 450 幼果受绿盲蝽为害初期　　图 451 幼果受绿盲蝽为害的后期表现

　　成虫体长 5 ~ 5.5 毫米，宽约 2.5 毫米，长卵圆形，全体绿色，头宽短，复眼黑褐色、突出。前胸背板深绿色，密布刻点。小盾片三角形，微突，黄绿色，具浅横皱。前翅革片为绿色，革片端部与楔片相接处略呈灰褐色，楔片绿色，膜区暗褐色。若虫共 5 龄，体型与成虫相似，全体鲜绿色，三龄开始出现明显的翅芽。卵黄绿色，长口袋形，长 1 毫米左右，卵盖黄白色，中央凹陷，两端稍微突起（图 452、图 453）。

图 452 绿盲蝽成虫

图 453 绿盲蝽若虫

十五、麻皮蝽

　　麻皮蝽[*Erthesina fullo*(Thunberg)]属半翅目蝽科，又称黄斑蝽象，俗称臭大姐，在我国大部分省（区）均有发生，食性很杂，主要为害苹果、梨、桃、柿子、杏、樱桃、枣等多种果树及泡桐、杨树、桑、丁香等多种树木。均以成虫、若虫刺吸果实、嫩梢及叶片汁液进行为害，苹果上以果实受害较重。受害果实表面凹陷，呈青疔状，较硬；幼果受害严重时常脱落，对产量与品质影响很大。

　　成虫体长18～24.5毫米，宽8～11毫米，体棕黑色，身体背面及前翅上密布有不规则黄白色小斑点，头部前端至小盾片有1条黄色细中纵线。前胸背板前缘及前测缘具黄色窄边。胸部腹板黄白色，密布黑色刻点。若虫共5龄，初孵若虫近圆形，有红、白、黑3色相间花纹，腹部背面有3条较粗黑纹。老熟若虫红褐色或黑褐色，头端至小盾片具1条黄色或黄红色纵线；前胸背板中部具4个横排淡红色斑点，内侧2个较大；腹部背面中央具纵列暗色大斑3个，每个斑上有横排淡红色臭腺孔2个。卵灰白色，鼓形，顶部有盖，周缘有刺，通常排列成块状（图454～457）。

图454　麻皮蝽成虫

图455　麻皮蝽初孵若虫、卵和卵壳

图 456　麻皮蝽若虫

图 457　麻皮蝽的卵块

十六、茶翅蝽

　　茶翅蝽（*Halyomorpha halys* Stål）属半翅目蝽科，又称臭木椿象，俗称臭板虫。在我国除新疆、宁夏、青海、西藏未见报道以外，其他省（区）均有分布，可为害梨、桃、樱桃、杏、李、苹果、海棠、山楂、石榴、梅、柿、猕猴桃和黑莓等多种果树及泡桐、榆、桑等林木和大豆、菜豆等豆科植物，近年来已逐渐成为梨、桃、樱桃、苹果等果树上的重要害虫。茶翅蝽以成虫和若虫刺吸果实、嫩梢和叶片汁液进行为害，叶片和枝梢被害后症状不明显，果实被害后受害处木栓化、变硬，发育停止而下陷，严重时形成畸形果，失去经济价值。

　　成虫体长 15～18 毫米，宽 8～9 毫米，身体略呈椭圆形，扁平，茶褐色，触角 5 节，褐色，第四节两端和第五节基部为黄白色；前胸背板两侧略突出，前缘横排有 4 个黄褐色小斑点；中胸小盾片前缘横列 5 个小黄斑，两侧的斑较为明显。若虫共 5 龄，初孵若虫近圆形，体为白色，后变为黑褐色，腹部淡橙黄色，各腹节两侧节间有一长方形黑斑，共 8 对，老熟若虫与成虫相似，无翅。

卵短圆筒形，高约1.2毫米，周缘环生短小刺毛45～46根，单行排列，初产时乳白色，近孵化时呈黑褐色（图458～461）。

图458　茶翅蝽成虫

图459　茶翅蝽若虫

图460　茶翅蝽初孵若虫及卵壳

图461　茶翅蝽卵块

十七、苹小卷叶蛾

苹小卷叶蛾（*Adoxophyes orana* Fisher von Roslerstamm）属鳞翅目小卷叶蛾科，又称苹果小卷叶蛾、苹卷蛾、黄小卷叶蛾、溜皮虫，在辽宁、河北、山东、河南、陕西、山西等果区普遍发生，主要为害苹果、梨、桃、山楂等果树。以幼虫啃食为害。幼虫不仅吐丝缀叶潜居其中啃食叶片，更重要的是把叶片缀贴在果实上

啃食果皮、果肉，把果实啃成许多伤疤，导致形成次果，故俗称为"舔皮虫"。近年有些果园受害损失严重（图462～464）。

图462 苹小卷叶蛾缀叶为害状

图463 苹小卷叶蛾缀叶贴果为害状

图464 苹小卷叶蛾为害果实

成虫体长6～8毫米，翅展13～23毫米，体黄褐色，前翅长方形，有2条深褐色斜纹形似"h"状，外侧比内侧的一条细；雄成虫体较小，体色稍淡，前翅有前缘褶（前翅肩区向上折叠）。老龄幼虫体长13～15毫米，头黄褐色或黑褐色，前胸背板淡黄色，体翠绿色或黄绿色，头明显窄于前胸，整个虫体两头稍尖；幼虫性情活泼，遇振动常吐丝下垂。第一对胸足黑褐色，腹末有臀栉6～8根，雄虫在胴部第七、第八节背面具1对黄色肾形性腺。蛹体长9～11毫米，黄褐色，腹部2～7节背面各有2排小刺。

卵扁平椭圆形，淡黄色，数十粒至上百粒排成鱼鳞状（图465～468）。

图465 苹小卷叶蛾成虫

图466 树皮下的苹小卷叶蛾越冬幼虫

图467 苹小卷叶蛾幼虫和蛹

图468 苹小卷叶蛾卵块

十八、褐带长卷叶蛾

褐带长卷叶蛾（*Hornona coffearia* Meyrick）属鳞翅目小卷叶蛾科，又称茶卷叶蛾、茶淡黄卷叶蛾、后黄卷叶蛾、柑橘长卷蛾，在我国许多地区均有发生，主要为害苹果、梨、茶、银杏、枇杷、柑橘、荔枝、龙眼、咖啡、杨桃、柿、板栗等多种植物。主要以幼虫在嫩梢上卷缀嫩叶，潜藏其中啃食叶肉，留下一层表皮，形成透明枯斑；随虫龄增大、食量增加，卷叶苞可多达10个叶片。严重时还可蚕食成叶、老叶，春梢、秋梢后还能蛀果为害，造成落果（图469）。

图469 褐带长卷叶蛾卷叶为害状

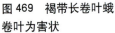

成虫体长6～10毫米，翅展16～30毫米，暗褐色，头顶有浓黑褐色鳞片，唇须上弯达复眼前缘。前翅基部黑褐色，中带宽黑褐色由前缘斜向后缘，顶角常呈深褐色。后翅淡黄色。雌翅较长，超出腹部甚多；雄翅较短仅遮盖腹部，前翅具短而宽的前缘褶。卵椭圆形，长0.8毫米，淡黄色。幼虫体长20～23毫米，体黄色至灰绿色，头与前胸盾黑褐色至黑色，头与前胸相接处有1较宽的白带，具臀栉。蛹长8～12毫米，黄褐色（图470、图471）。

图.470 褐带长卷叶蛾成虫

图471 褐带长卷叶蛾幼虫

十九、顶梢卷叶蛾

顶梢卷叶蛾（*Spilonota lechriaspis* Meyrick）属鳞翅目小卷叶蛾科，又称顶芽卷叶蛾、芽白小卷蛾，在我国许多果区均有发生，主要为害苹果、海棠、梨、桃等。以幼虫主要为害嫩梢，吐丝将顶梢数片嫩叶缠缀成虫苞，并啃下叶背绒毛作成筒巢，潜藏入内，仅在取食时身体露出巢外。顶梢卷叶团干枯后，不脱落，易于识别。幼树受害较重，发生严重果园幼树被害梢常达 80% 以上，严重影响幼树的生长发育和苗木出圃规格（图472）。

图 472　顶梢卷叶蛾为害状

成虫体长 6～8 毫米，全体银灰褐色。前翅前缘有数组褐色短纹，基部 1/3 处和中部各有一暗褐色弓形横带，后缘近臀角处有一近似三角形褐色斑，此斑在两翅合拢时并成一菱形斑纹；近外缘处从前缘至臀角间有 8 条黑褐色平行短纹。老熟幼虫体长 8～10 毫米，体污白色，头部、前胸背板和胸足均为黑色，无臀栉。蛹体长 5～8 毫米，黄褐色，尾端有 8 根细长的钩状毛。茧黄白色绒毛状，椭圆形。卵扁椭圆形，乳白色至淡黄色，半透明，长径约 0.7 毫米，短径 0.5 毫米，卵粒散产（图473～475）。

图 473　顶梢卷叶蛾成虫

141

图474 顶梢卷叶蛾幼虫

图475 顶梢卷叶蛾蛹

二十、黄斑卷叶蛾

　　黄斑卷叶蛾 [*Acleris fimbriana*（Thunberg）] 属鳞翅目小卷叶蛾科，又称黄斑长翅卷蛾，在我国各地均有发生，主要为害苹果、桃、杏、李、山楂、樱桃等果树，以苹果幼树、桃及山荆子等受害较重，在苗圃及苹果与桃、李等果树混栽的幼龄果园发生较多。初孵幼虫首先钻入芽内食害花芽，待展叶后取食嫩叶。幼虫吐丝缀连数张叶片卷成团，或将叶片沿主脉间正面纵折，藏于其间为害。

幼树和苗圃受害严重，不仅影响幼树生长，严重时还影响结果树的果实质量和翌年花芽的形成（图476）。

图476 黄斑卷叶蛾为害状

　　成虫体长7～9毫米。夏型成虫翅展15～20毫米，体橘黄色，前翅金黄色，上有银白色鳞片丛，后翅灰白色，复眼灰色。冬型成虫翅展 17～22 毫米，体深褐色，前翅暗褐色或暗灰色，复眼黑。初龄幼虫体为乳白色，头部、前胸背板及胸足均为黑褐色。老熟幼虫体长约 22 毫米，体黄绿色；二、三龄幼虫体黄绿色，头、前胸背板及胸足仍为黑褐色；四、五龄幼虫头部、前胸背板及胸足变为淡绿褐色。蛹体长 9～11 毫米，深褐色，头顶端有一角状突起，基部两侧各有 2 个瘤状突起。卵扁椭圆形，长约 0.8 毫米，淡黄白色，半透明，近孵化时表面有一红圈（图 477、图 478）。

图 477　黄斑卷叶蛾成虫

图 478　黄斑卷叶蛾幼虫

二十一、黑星麦蛾

黑星麦蛾（*Telphusa chloroderces* Meyrich）属鳞翅目麦蛾科，又称黑星卷叶蛾、苹果黑星麦蛾，在我国许多果区均有发生，主要为害苹果、沙果、海棠、山定子、梨、桃、李、杏和樱桃等果树。初孵幼虫多潜伏在尚未展开的嫩叶上啃食，幼虫稍大后即卷叶为害，有时数头幼虫在一起将枝条顶端的几张叶片卷曲成团，幼虫在团内取食，啃食叶片上表皮和叶肉，残留下表皮，影响新梢生长。管理粗放的幼龄果园发生较重，严重时全树枝梢叶片受害，只剩

143

图 479　黑星麦蛾为害状

图 480　黑星麦蛾幼虫

叶脉和表皮，全树呈枯黄状，导致二次发芽，影响树体生长发育（图 479）。

成虫体长 5 ~ 6 毫米，翅展约 16 毫米，全体灰褐色。胸部背面及前翅黑褐色，有光泽，前翅中央有 2 个明显的黑色斑点，后翅灰褐色。幼虫体长 10 ~ 15 毫米，头部、臀板和臀足褐色，前胸盾黑褐色，背线两侧各有 3 条淡紫红色纵纹，貌似黄白和紫红相间的纵条纹。蛹体长约 6 毫米，红褐色，第七腹节后缘有暗黄色的并列刺突。卵椭圆形，长约 0.5 毫米，淡黄色，有珍珠光泽（图 480）。

二十二、梨星毛虫

梨星毛虫（*Illiberis pruni* Dyar）属鳞翅目斑蛾科，又称梨叶斑蛾，俗称饺子虫，主要分布在辽宁、河北、山西、河南、陕西、甘肃、山东等省，可为害梨、苹果、海棠、桃、杏、樱桃、沙果等多种果树。主要以幼虫钻蛀嫩芽、花蕾及啃食叶片为害。芽和花蕾受害，被钻蛀成孔洞，钻蛀处有黄褐色黏液溢出，后期被害芽及花蕾变黑枯死。叶片受害，幼虫吐丝将叶片包合成饺子形，在内部啃食叶肉，残留叶脉成丝网状，后期被害叶变黄焦枯（图481、图482）。

图481　梨星毛虫严重为害状

图482　梨星毛虫卷叶虫苞

　　成虫体长10毫米左右，翅展20～30毫米，全身灰黑色，雌蛾触角短羽状，翅面有黑色绒毛，前翅半透明，翅脉清晰，色较深。卵扁椭圆形，长约0.75毫米，初产时白色渐变淡黄色，孵化前呈暗褐色，卵成块，数粒至百余粒不等。老龄幼虫乳白色，身体粗短，体长15～18毫米，中胸、后胸和腹部第1～8节侧面各有一圆形黑斑；各节背面有横列毛从。蛹黑褐色，略呈纺锤形，体长约12毫米。茧白色，有内外两层（图483、图484）。

图483　梨星毛虫成虫

图484　梨星毛虫幼虫

二十三、金纹细蛾

金纹细蛾（*Lithocolletis ringoniella* Mats.）属鳞翅目细蛾科，又称苹果细蛾、苹果潜叶蛾，在我国北方果区均有发生，主要为害苹果、沙果、海棠、山定子等果树。发生轻时影响叶片光合作用，严重时造成叶片早期脱落，影响树势与产量。金纹细蛾以幼虫在叶片内潜食叶肉，形成椭圆形虫斑，下表皮皱缩，叶面呈筛网状拱起，虫斑内有黑色虫粪。一张叶片上常有多个虫斑（图485～487）。

图485　金纹细蛾严重为害状后期

图486　金纹细蛾为害状（叶背）

图487　金纹细蛾为害状（叶正面）

成虫体长约2.5毫米，翅展6.5～7毫米，体金黄色；前翅狭长，黄褐色，前翅前缘及后缘各有3条白色与褐色相间的放射状条纹；后翅尖细，有长缘毛。老熟幼虫体长约6毫米，呈纺锤形，稍扁，幼龄时淡黄绿色，老熟后变黄色。蛹长约4毫米，梭形，黄褐色。

卵扁椭圆形，乳白色，半透明，有光泽（图488～492）。

图488 金纹细蛾成虫

图489 金纹细蛾成虫放大

图490 金纹细蛾幼虫

图491 金纹细蛾蛹

图492 叶片背面的金纹细蛾卵

二十四、旋纹潜叶蛾

旋纹潜叶蛾（*Leucoptera scitella* Zeller）属鳞翅目潜叶蛾科，又称苹果潜叶蛾，在我国许多果区均有发生，主要为害苹果、梨、

147

沙果、海棠和山楂等果树，以苹果树受害最重。幼虫在叶片内呈螺旋状潜食叶肉，残留表皮，粪便排于隧道中。叶片正面受害处多呈旋纹状圆形褐色虫斑，严重时一张叶片上有虫斑 10 余处，常引起早期落叶（图 493）。

图 493　旋纹潜叶蛾的为害虫斑

成虫体长约 2.3 毫米，翅展约 6 毫米，体银白色，头顶具 1 丛竖立的银白色毛；前翅底色银白色，近端部大部橘黄色，其前缘及翅端共有 7 条褐色纹，顶端 3～4 条呈放射状，翅端下方有 2 个大的深紫色斑，前翅前半部具很长的浅灰黄色或灰白色缘毛；后翅披针形，浅褐色，具很长的白色缘毛。老龄幼虫体长 5 毫米左右，体扁纺锤形，污白色，头部黄褐色，前胸盾棕褐色，中央被黄白部分纵向隔开，胴部节间稍缢缩，后胸及第一、第二腹节侧面各有一管状突起，上生 1 根刚毛。蛹长 4～5 毫米，体稍扁纺锤形，黄褐色。茧白色，梭形，上覆"工"字形丝幕。卵扁椭圆形，长径约 0.27 毫米，宽约 0.22 毫米，上有网状脊纹，初产时乳白色，渐变为青白色，有光泽。

二十五、苹梢鹰夜蛾

苹梢鹰夜蛾（*Hypocala subsatura* Guenée）属鳞翅目夜蛾科，又称苹梢夜蛾，在我国许多省（区）均有发生，除为害苹果外还可为害梨、李、柿、栎等果树林木，以苹果新梢受害最重。主要以幼虫食害叶片和新梢，有时也可蛀食幼果。食害新梢，叶片向上纵卷，被害梢顶端的几个叶片仅剩叶脉和絮状叶片残余物，大龄幼虫将

叶片咬成缺刻或孔洞。苹果苗木和幼树受害较重，一般山区管理粗放的苹果园发生较多（图494）。

图494　苹梢鹰夜蛾为害状

成虫体长18～20毫米，翅展34～38毫米，个体间体色和花纹变化较大，一般体色为紫褐色；前翅前半从基部到顶角纵贯有深褐色镰刀形宽带（有的个体无此宽带），外缘线及亚端线棕色；后翅臀角有2个黄色圆斑，中室处有1个黄色回形条纹。老熟幼虫体长30～35毫米，体较粗壮，光滑，毛稀而柔软；体色变异很大，一般头部黄褐色，体淡绿色，两侧各有1条淡黑色纹；有的个体头部黑色，体褐色，两侧的纵线明显。蛹长14～17毫米，红褐色至深褐色。卵半球形，淡黄色，从顶端向下有放射状纵脊（图495～500）。

图495　苹梢鹰夜蛾成虫（一）

图496　苹梢鹰夜蛾成虫（二）

图 497　苹梢鹰夜蛾幼虫（一）

图 498　苹梢鹰夜蛾幼虫（二）

图 499　苹梢鹰夜蛾幼虫（三）

图 500　苹梢鹰夜蛾蛹

二十六、苹掌舟蛾

　　苹掌舟蛾（*Phalera flavescens* Bremer et Grey）属鳞翅目舟蛾科，又称舟形毛虫、苹果天社蛾、苹果舟蛾，在我国许多省(区)都有发生，主要为害苹果、梨、桃、海棠、杏、樱桃、山楂、枇杷、核桃和板栗等果树。是一种苹果生长中后期的食叶性害虫，幼虫四龄以前群集为害，由同一卵块孵出的数十头幼虫头向外整齐排列在叶面上，由叶缘向内啃食，稍受惊动则纷纷吐丝下垂。四龄以后分散为害，蚕食叶片，受害树叶片残缺不全，或仅剩叶脉；大发生时可将全树叶片食光，导致树体二次发芽，损失严重（图 501 ～ 503）。

图 501　苹掌舟蛾蚕食叶片状

图 502　苹掌舟蛾将叶片基本吃光

图 503　稍受振动，幼虫吐丝下垂

　　成虫体长 22 ~ 25 毫米，翅展 49 ~ 52 毫米，体淡黄白色；前翅银白色，近基部有一长圆形斑，外缘有 6 个椭圆形斑，横列成带状，各斑内端灰黑色，外端茶褐色，中间有黄色弧线隔开，翅中部有淡黄色波浪状线 4 条；后翅浅黄白色。低龄幼虫体黄褐色或淡红褐色。老熟幼虫体暗红褐色，体长 55 毫米左右，被灰黄色长毛，头、前胸盾、臀板均黑色，胴部紫黑色，背线和气门线及胸足黑色，亚背线与气门上、下线紫红色，体侧气门线上下生有多个淡黄色的长毛簇。幼虫停息时头尾翘起，形似小船，故称舟形毛虫。蛹长 20 ~ 23 毫米，暗红褐色至黑紫色，中胸背板后缘具 9 个缺刻，腹末有臀棘 6 根，中间 2 个粗大，侧面 2 个不明

显。卵圆球形，直径约
1毫米，数十粒至百余
粒密集成排产于叶背，
初产时淡绿色，孵化
前为灰褐色（图504～
508）。

图504　苹掌舟蛾成虫

图505　苹掌舟蛾低龄幼虫

图506　苹果舟蛾大龄幼虫

图507　苹掌舟蛾的蛹

图508　苹掌舟蛾的卵块及卵壳

二十七、美国白蛾

美国白蛾 [*Hyphantria cunea*（Drury）] 属鳞翅目灯蛾科，又称美国灯蛾、秋幕毛虫、秋幕蛾，是一种检疫性害虫，目前在我国分布于辽宁、河北、山东、北京、天津、山西、陕西、河南和吉林等省（区）。该虫属典型的多食性害虫，可为害 200 多种林木、果树、农作物及野生植物，在苹果、梨、桃、李、杏、樱桃、核桃、枣和柿等多种果树上均有发生。幼龄幼虫群集结网幕为害是该虫的主要特点。常以幼龄幼虫群集在枝叶上吐丝结成网幕，在网幕内啃食叶肉，残留叶脉及表皮，使受害叶片呈现枯黄色；虫龄稍大后，将叶片食成缺刻或孔洞；大龄后逐渐分散为害，将叶片全部吃光。

每株树上多达几百只、上千只幼虫为害，将局部叶片吃光，甚至将整树叶片蚕食干净，严重影响树体生长（图509 ～ 512）。

图 509　美国白蛾结幕为害状

图 510　美国白蛾低龄幼虫啃食叶片呈筛网状

图 511　美国白蛾幼虫在嫩梢上群集为害

153

图 512　美国白蛾将叶片食成缺刻

成虫体长 13 ～ 15 毫米，全体白色，胸部背面密布白色绒毛，多数个体腹部白色，无斑点，少数个体腹部黄色，上有黑点。雄成虫触角黑色，栉齿状，翅展 23 ～ 34 毫米，前翅常散生黑褐色小斑点；雌成虫触角褐色，锯齿状，翅展 33 ～ 44 毫米，前翅纯白色。老熟幼虫体长 28 ～ 35 毫米，头黑色，体黄绿色至灰黑色，背线、气门上线、气门下线浅黄色；背部毛瘤黑色，体侧毛瘤多为橙黄色，毛瘤上着生白色长毛丛。蛹体长 8 ～ 15 毫米，暗红褐色，雄蛹瘦小，雌蛹较肥大，臀刺 8 ～ 17 根，蛹外被有黄褐色丝质薄茧，茧丝上混杂有幼虫体毛。卵圆球形，直径约 0.5 毫米，初产卵浅黄绿色或浅绿色，孵化前变灰褐色；卵聚产，数百粒连片单层平铺排列于叶背，表面覆盖有白色鳞毛（图 513 ～ 516）。

图 513　美国白蛾成虫和卵

图 514　美国白蛾初孵幼虫

图 515 美国白蛾大龄幼虫

图 516 美国白蛾蛹

二十八、天幕毛虫

天幕毛虫（*Malacosoma neustria testacea* Motschulsky）属鳞翅目枯叶蛾科，又称黄褐天幕毛虫、幕枯叶蛾、带枯叶蛾，俗称"顶针虫"，在我国除新疆和西藏外均有分布，主要为害苹果、梨、

海棠、沙果、桃、李、杏、樱桃、榅桲、梅及杨、榆、柳和栎等植物。初孵幼虫群集于一个枝上，吐丝结成网幕，食害嫩芽、叶片；而后逐渐下移至粗枝上结网巢，白天群栖巢上，夜出取食，五龄后期分散为害，严重时可将全树叶片吃光。管理粗放果园常见（图517）。

图 517 天幕毛虫为害状

成虫雌雄异型，雌虫体长18～20毫米，翅展约40毫米，全体黄褐色，触角锯齿状，前翅中央有1条赤褐色宽斜带，两边各有1条米黄色细线；雄虫体长约17毫米，翅展约32毫米，全体淡黄色，触角双栉齿状，前翅有2条紫褐色斜线，两线间的部分颜色较深，呈褐色宽带。低龄幼虫身体和头部均黑色，四龄以后头部呈蓝黑色，顶部有两个黑色圆斑。老熟幼虫体长50～60毫米，背线黄白色，两侧有橙黄色和黑色相间的条纹，各节背面有黑色瘤数个，上生许多黄白色长毛，前胸和最末腹节背面各有2个大黑斑，腹足趾钩双序缺环。蛹长13～25毫米，黄褐色或黑褐色，体表有金黄色细毛。茧黄白色，棱形，双层，多结于阔叶树的叶片正面、草叶正面或落叶松的叶簇中。卵椭圆形，灰白色，顶部中央凹下，常数百粒围绕枝条排成圆桶状，非常整齐，形似顶针状或指环状（图518～520）。

图518　天幕毛虫低龄幼虫

图519　天幕毛虫
高龄幼虫

图520　天幕毛虫卵块

二十九、舞毒蛾

　　舞毒蛾（*Lymantria dispar* L.）属鳞翅目毒蛾科，又称秋千毛虫、苹果毒蛾、柿毛虫，在我国许多省（区）均有发生。其寄主范围非常广泛，可取食为害苹果、梨、杏、樱桃、山楂、柿、核桃、桑、栎、山杨、柳、桦、榆、椴、山毛榉、水稻和麦类等500余种植物。主要以幼虫食害叶片，该虫食量很大，严重时可将全树叶片吃光。

　　成虫雌雄异型。雄蛾体长18～20毫米，翅展45～47毫米，体棕褐色；前翅浅黄色有棕褐色鳞片，斑纹黑褐色，基部有黑褐色斑点，中室中央有一黑点，横脉纹弯月形，内线、中线波浪形折曲，外线和亚端线锯齿形折曲；后翅黄棕色，横脉纹和外缘色暗，缘毛棕黄色。雌蛾体长25～28毫米，翅展70～75毫米，体、翅污白色微黄，斑纹棕黑色，后翅横脉纹和亚端线棕色，端线为1列棕色小点。卵圆形或卵圆形，直径0.9～1.3毫米，初黄褐色渐变灰褐色。老熟幼虫体长50～70毫米，头黄褐色，正面有"八"字形黑纹，胴部背面灰黑色，背线黄褐色，腹面带暗红色，胸、腹足暗红色；各体节有6个毛瘤，背面中央的1对色艳，1～5节为蓝灰色，6～11节为紫红色，上生棕黑色短毛；节两侧的毛瘤上生黄白色与黑色长毛1束，6、7腹节背中央各有一红色柱状毒腺，亦称翻缩腺。蛹长19～24毫米，初红褐色后变黑褐色，原幼虫毛瘤处生有黄色短毛丛（图521～523）。

图521　舞毒蛾雄成虫

157

图 522　舞毒蛾雌成虫及产卵

图 523　舞毒蛾幼虫

十、黄尾毒蛾

黄尾毒蛾（*Porthesia xanthocampa* Dyar）属鳞翅目毒蛾科，又称桑斑褐毒蛾、纹白毒蛾、桑毒蛾、黄尾白毒蛾，俗称金毛虫，在我国广泛分布，可为害苹果、梨、桃、山楂、杏、李、枣、柿、栗、海棠、樱桃、桑和柳等多种果树和林木。以幼虫蚕食叶片，喜食新芽、嫩叶，将叶片咬食成缺刻或孔洞，甚至吃光或仅剩叶脉。管理粗放果园发生较多（图 524）。

图 524　许多幼虫群集在叶片上为害

成虫体长约 18 毫米，翅展约 36 毫米，全体白色，复眼黑色，触角双栉齿状，淡褐色，雄蛾更为发达；前翅后缘近臀角处有 2 个褐色斑纹；雌蛾腹部末端丛生黄毛，腹面从第三腹节起被有黄毛，足白色。老熟幼虫体长约 30 毫米，头黑褐色，胴部黄色，背线与气门下线呈红色，亚背线、气门上线及气门线均为断续的黑色线纹；各体节生有很多红、黑色毛瘤，上生黑色及黄褐色长毛，6、7 腹节中央有红色翻缩腺。蛹长约 13 毫米，棕褐色，臀棘较长成束。茧灰白色，长椭圆形，外附有幼虫脱落的体毛。卵扁圆形，中央稍凹，灰黄色，长径 0.6～0.7 毫米，常数十粒排成带状卵块，表面覆有雌虫腹末脱落的黄毛（图 525、图 526）。

图 525　黄尾毒蛾成虫

图 526　黄尾毒蛾幼虫

三十一、角斑古毒蛾

角斑古毒蛾 [*Orgyia gonostigma* (Linnaeus)] 属鳞翅目毒蛾科，又称赤纹毒蛾，在我国主要分布于东北、华北及西北地区，可为害苹果、梨、桃、杏、李、樱桃和梅等多种果树。以幼虫食害花芽、叶片和果实。为害花芽基部，钻成小洞，造成花芽枯死；叶片被蚕食仅留叶脉、叶柄；果实被啃食成许多小洞，并导致落果。

成虫雌雄异型。雌蛾体长约 17 毫米，长椭圆形，只有翅痕，体上有灰色和黄白色绒毛。雄蛾体长约 15 毫米，翅展约 32 毫米，体灰褐色，前翅红褐色，翅顶角处有一黄斑，后缘角处有一新月形白斑。卵扁圆形，顶部凹陷，灰黄色。老熟幼虫体长约40毫米，头部灰黑色；体黑灰色，被黄色和黑色毛，亚背线有白色短毛，体两侧有黄褐色纹；前胸两侧和腹部第八节背面各有1束黑色长

毛，第一至第四腹节背面中央各有1黄灰色短毛刷。雌蛹长11毫米左右，灰色；雄蛹黑褐色，尾端有长突起，腹部黄褐色，背有金色毛（图527～529）。

图 527 角斑古毒蛾雄成虫

图 528 角斑古毒蛾低龄幼虫

图 529 角斑古毒蛾大龄幼虫

三十二、绿尾大蚕蛾

绿尾大蚕蛾（*Actias selene ningpoana* Felder）属鳞翅目大蚕蛾科，又称绿尾天蚕蛾、燕尾蛾、水青燕尾蛾、水青蛾等，在我国许多省（区）均有发生，可为害苹果、梨等多种果树及山茱萸、牡丹、杜仲等药用植物。以幼虫蚕食叶片，低龄幼虫将叶片食成缺刻或孔洞，稍大后可把叶片全部吃光，仅残留叶柄或叶脉。

雌成虫体长约 38 毫米，翅展约 135 毫米；雄成虫体长 36 毫米，翅展约 126 毫米。体表具浓厚白色绒毛，前胸前端与前翅前缘有 1 条紫色带，前、后翅粉绿色，中央有一透明眼状斑，后翅臀角延伸呈燕尾状。卵球形稍扁，直径约 2 毫米，初产时米黄色，孵化前淡黄褐色。幼虫多为 5 龄，一、二龄幼虫体黑色，三龄幼虫全体橘黄色，毛瘤黑色，四龄体渐呈嫩绿色，化蛹前多呈暗绿色；老熟幼虫平均体长 73 毫米。气门上线由红、黄两色组成。体各节背面具黄色瘤突，其中 2、3 胸节和 8 腹节上的瘤突较大，瘤上着生深褐色刺及白色长毛。尾足特大，臀板暗紫色。蛹长 45 ~ 50 毫米，红褐色，额区有一浅白色三角形斑，体外有灰褐色厚茧，茧外黏附有寄主叶片（图 530 ~ 533）。

图 530　绿尾大蚕蛾成虫

图 531　绿尾大蚕蛾三龄幼虫

161

图 532 绿尾大蚕蛾老熟幼虫

图 533 绿尾大蚕蛾蛹茧

三十三、山楂粉蝶

山楂粉蝶（*Aporia crataegi* L.）属鳞翅目粉蝶科，又称山楂绢粉蝶、苹果粉蝶，在我国许多省（区）均有发生，主要为害苹果、山楂、梨、桃、杏和李等果树。以幼虫咬食芽、叶片和花蕾为害。初孵幼虫在树冠上吐丝结网成巢，群集网巢内咬食；幼虫长大后逐渐分散为害，严重时将叶片吃光。

成虫体长 22～25 毫米，体黑色，头、胸及足被淡黄白色或灰色鳞毛；触角棒状黑色，端部黄白色；前、后翅白色，翅脉和外缘黑色（图 534）。卵柱形，金黄色，顶端稍尖似子弹头，高约 1.3 毫米，卵壳有纵脊纹 12～14 条，数十粒排成卵块。幼虫头部黑色，虫体腹面为蓝灰色，背面黑色，两侧具黄褐色纵带，气门上线为黑色宽带，体被软毛，老熟幼虫体长 40～45 毫米。蛹体长约 25 毫米，黄白色，体上分布许多黑色斑点，腹面有 1 条黑色纵带，以丝将蛹体缚于小枝上，即缢蛹。

图 534 山楂粉蝶成虫

三十四、黄刺蛾

黄刺蛾（*Cnidocampa flavescens* Walker）属鳞翅目刺蛾科，俗称洋刺子、八角虫，在我国除宁夏、新疆、贵州、西藏尚无记录外，其他各省（区）普遍发生。黄刺蛾幼虫食性杂、寄主范围广，可为害苹果、梨、杏、桃、李、枣、核桃、柿子、山楂和板栗等多种果树。初孵幼虫啃食叶肉，将叶片食成筛网状；大龄幼虫可将叶片食成缺刻，严重时只剩叶柄和主脉（图 535）。

图 535　黄刺蛾幼虫啃食叶片为害状

成虫体长 15 毫米左右，翅展 30～34 毫米，身体黄色至黄褐色，头和胸部黄色，腹背黄褐色；前翅内半部黄色，外半部黄褐色，有两条暗褐色斜线，在翅尖前汇合，呈倒"V"形，内面 1 条成为黄色和黄褐色的分界线。老龄幼虫体长 25 毫米左右，身体肥大，黄绿色，体背上有哑铃形紫褐色大斑，每体节上有 4 个枝刺，以胸部上的 6 个和臀节上的 2 个较大。蛹长约 13 毫米，长椭圆形，黄褐色。茧椭圆形似雀蛋，光亮坚硬白色，表面布有褐色粗条纹。卵椭圆形，长约 1.5 毫米，扁平，暗黄色，常数十粒排在一起，卵块不规则（图 536～540）。

图536 黄刺蛾成虫

图537 黄刺蛾低龄幼虫

图538 黄刺蛾大龄幼虫

图539 黄刺蛾蛹（背面）

图540 黄刺蛾茧

三十五、绿刺蛾

绿刺蛾（*Latoia consocia* Walker）属鳞翅目刺蛾科，又称青刺蛾、褐边绿刺蛾、曲纹绿刺蛾、四点刺蛾，俗称洋辣子，在我国许多省（区）均有发生，寄主范围很广，可为害苹果、梨、桃、李、杏、梅、樱桃、枣、柿、核桃、板栗和山楂等多种果树及桑、杨、柳、榆、悬铃木等多种林木和花卉。幼虫孵化后，初期先群集为害，叶片被啃食成筛网状，仅留表皮；稍大后分散取食，将叶片吃成孔洞或缺刻，有时仅留叶柄，严重影响树势。

　　成虫体长 15 ～ 16 毫米，翅展约 36 毫米；触角棕色，雄蛾栉齿状，雌蛾丝状；头和胸部绿色，胸部中央有 1 条暗褐色背线；前翅大部分绿色，基部暗褐色，外缘部分灰黄色，其上散布暗紫色鳞片；腹部和后翅灰黄色。老龄幼虫体长约 25 毫米，体短而粗，初孵化时黄色，长大后变为黄绿色；头黄色，甚小，常缩在前胸内，前胸盾上有 2 个黑斑；胴部第二至末节每节有 4 个毛瘤，上生黄色刚毛簇，第四节背面的 1 对毛瘤上各有 3 ～ 6 根红色刺毛，腹部末端的 4 个毛瘤上生蓝黑色刚毛丛，呈球状；背线绿色，两侧有深蓝色点。蛹椭圆形，长约 15 毫米，肥大，黄褐色。茧椭圆形，棕色或暗褐色，长约 16 毫米，似羊粪状。卵扁椭圆形，长 1.5 毫米，初产时乳白色，渐变为黄绿至淡黄色，数粒排列成块状（图 541 ～ 544）。

图 541　绿刺蛾成虫

图 542　绿刺蛾低龄幼虫

图 543　绿刺蛾大龄幼虫

图 544　绿刺蛾越冬虫茧

三十六、扁刺蛾

　　扁刺蛾 [*Thosea sinensis*（Walker）] 属鳞翅目刺蛾科，又称黑点刺蛾，俗称洋辣子、扫角，在我国许多省（区）均有发生，可为害苹果、枣、梨、海棠、桃、梧桐、枫杨、白杨和泡桐等多种果树和林木。以幼虫蚕食植株叶片，低龄期啃食叶肉，稍大后将叶片食成缺刻或孔洞，严重时将叶片吃光，导致树势衰弱。

　　雌蛾体长 13 ～ 18 毫米，翅展 28 ～ 35 毫米，雄蛾体长 10 ～ 15 毫米，翅展 26 ～ 31 毫米，全体暗灰褐色，腹面及足色泽更深；前翅灰褐色，中室前方有一明显的暗褐色斜纹，自前缘近顶角处向后缘斜伸，雄蛾中室上角有一黑点（雌蛾不明显）；后翅暗灰褐色。老熟幼虫体长 21 ～ 26 毫米，宽约 16 毫米，体扁椭圆形，背部稍隆起，形似龟背，全体绿色或黄绿色，背线白色、边缘蓝色，身体两侧边缘各有 10 个瘤状突起，生有刺毛，每体节背面有 2 小丛刺毛，第四节背面两侧各有一红点。蛹长 10 ～ 15 毫米，前端钝圆，后端略尖削，近似椭圆形，黄褐色。茧椭圆形，暗褐色，形似鸟蛋。卵扁平光滑，椭圆形，长约 1.1 毫米，初为淡黄绿色，孵化前呈灰褐色（图 545、图 546）。

图 545　扁刺蛾幼虫（背面）

图 546　扁刺蛾幼虫（腹面）

三十七、桑褶翅尺蠖

桑褶翅尺蠖（*Zamacra excavate* Dyar）属鳞翅目尺蛾科，又称桑刺尺蛾、桑褶翅尺蛾，在河北、北京、河南、陕西、辽宁、宁夏和内蒙古等地均有发生，可为害苹果、海棠、梨、核桃、山楂、桑、红叶李、榆、毛白杨和刺槐等多种果树和林木。以幼虫食害花芽、叶片及幼果。叶片受害，低龄幼虫食成缺刻或孔洞，三、四龄后食量增大，可将叶片全部吃光；幼果受害，被吃成缺刻状，并导致早期脱落。发生较重时，削弱树势、降低产量。

雌蛾体长 14 ～ 15 毫米，翅展 40 ～ 50 毫米，雄蛾体长 12 ～ 14 毫米，翅展约 38 毫米；体灰褐色，翅面有赤色和白色斑纹，前翅内、外横线外侧各有 1 条不太明显的褐色横线，后翅基部及端部灰褐色，中部有 1 条明显的灰褐色横线，静止时四翅皱叠竖起。卵椭圆形，中央凹陷，初产时深灰色，后变为深褐色，带金属光泽。老熟幼虫体长 30 ～ 35 毫米，黄绿色，腹部 1 ～ 8 节背部有黄色刺突，2～4节上的明显较长，第5腹节背部有绿色刺1对，腹部4～8节的亚背线粉绿色，腹部2～5节两侧各有一淡绿色刺。蛹椭圆形，红褐色，长14～17毫米，末端有2个坚硬的刺。茧灰褐色，表皮较粗糙（图547）。

图547　桑褶翅尺蠖

三十八、黑绒鳃金龟

黑绒鳃金龟（*Maladera orientalis* Motschulsky）属鞘翅目鳃金龟科，又称黑绒金龟子、天鹅绒金龟子、东方金龟子，在我国大部分地区广泛分布。其食性很杂，可食害149种植物，如苹果、梨、桃、杏、枣和梅等。主要以成虫食害嫩芽、嫩叶及花器，具有群集暴食为害习性。幼树受害较重，严重时常将叶、芽食光，特别对刚定植的树苗危害很大（图548、图549）。

图548　黑绒鳃金龟将新定植苗木嫩芽吃光

成虫卵圆形，体长 7 ～ 8 毫米，宽 4.5 ～ 5 毫米，黑色至黑紫色，密被天鹅绒状灰黑色短绒毛，鞘翅具 9 条隆起的线，外缘具稀疏刺毛。前足胫节外缘具 2 齿，后足胫节两侧各具一刺。老熟幼虫体长 14 ～ 16 毫米，体乳白色，头部黄褐色，肛腹片上有约 28 根锥状刺，横向排列成单行弧状。蛹长约 8 毫米，裸蛹，黄褐色。卵乳白色，初产时卵圆型后膨大成球状（图 550）。

图 549　黑绒鳃金龟正在食害叶片

图 550　黑绒鳃金龟成虫

三十九、铜绿丽金龟

　　铜绿丽金龟（*Anomala corpulenta* Motschulsky）属鞘翅目丽金龟科，又称铜绿金龟子、青金龟子，在我国各地普遍发生，可为害苹果、山楂、海棠、梨、杏、桃、李、梅、柿、核桃、草莓、板栗、栎、杨、柳和榆等多种植物，尤以苹果属果树受害最重。主要以成虫取食叶片，将叶片吃成缺刻或孔洞，常造成幼龄果树叶片残缺不全，甚至全树叶片被吃光。另外，幼虫在土中为害作

169

物地下组织，是重要地下害虫之一。

成虫体长 19 ~ 21 毫米，触角黄褐色，鳃叶状，前胸背板及鞘翅铜绿色具闪光，被有细密刻点；额及前胸背板两侧边缘黄色，虫体腹面及足均为黄褐色。老熟幼虫体长约 40 毫米，头黄褐色，胴部乳白色，腹部末节腹面除钩状毛外，还有 2 纵列刺状毛，有 14 ~ 15 对。蛹长约 20 毫米，裸蛹，黄褐色。卵呈椭圆形，乳白色（图 551、图 552）。

图 551　铜绿丽金龟成虫

图 552　铜绿丽金龟幼虫

四十、苹毛丽金龟

苹毛丽金龟（*Proagopertha lucidula* Faldermann）属鞘翅目丽金龟科，又称苹毛金龟子、长毛金龟子，在我国许多省（区）均有发生。该虫食性很杂，果树上可食害苹果、梨、桃、杏、葡萄、樱桃、核桃、板栗和海棠等，特别是山地果园受害较重。主要以成虫在果树花期取食花蕾、花朵及嫩叶，虫量大时可将幼嫩部分吃光，严重影响产量及树势。幼虫以植物的细根和腐殖质为食，为害不明显（图 553、图 554）。

成虫卵圆形，体长 9 ~ 10 毫米，宽 5 ~ 6 毫米，虫体除鞘翅和小盾片光滑无毛外，皆密被黄白色细茸毛，雄虫茸毛长而密；头、胸背面紫铜色，鞘翅茶褐色，有光泽，半透明，透过鞘翅可透视出后翅折叠成"V"形，腹部末端露在鞘翅外。老熟幼虫体长 15～20 毫米，体乳白色，头部黄褐色，前顶有刚毛 7～8 根，后顶有刚毛 10～11 根，各排成一纵列；唇基片成梯形，中部有一横隆起线；肛腹板后部刺毛群中间两列刺毛排列整齐。蛹长 10 毫米左右，裸蛹，淡褐色，羽化前变为深红褐色。卵乳白色，椭圆形，长约 1 毫米，表面光滑（图 555）。

图 553　苹果花器受苹毛丽金龟为害状

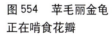

图 554　苹毛丽金龟正在啃食花瓣

图 555　苹毛丽金龟成虫

171

四十一、白星花金龟

白星花金龟 [*Potosta brevitarsis* (Lewis)] 属鞘翅目花金龟科，又称白星金龟子、白星花潜，在我国分布很广，可为害苹果、梨、桃、李、杏、樱桃、葡萄和柑橘等果树及玉米、小麦、蔬菜等农作物。主要以成虫取食为害，不仅咬食幼叶、嫩芽及花等幼嫩组织，

还可群聚食害果实，尤其喜欢群集在果实伤口或腐烂处取食果肉。白星花金龟幼虫只取食腐败植物，对果树和农作物无为害（图556）。

图556　正在啃食苹果的白星花金龟成虫

成虫椭圆形，体长16～24毫米，全身黑铜色，具有绿色或紫色闪光，前胸背板和鞘翅上散布众多不规则白绒斑，腹部末端外露，臀板两侧各有3个小白斑。卵乳白色，圆形或椭圆形，长1.7～2毫米。老熟幼虫体长24～39毫米，头部褐色，胸足3对，身体向腹面弯曲呈"C"形，背面隆起多横皱纹。蛹为裸蛹，体长20～23毫米，初白色渐变为黄白色。

四十二、小青花金龟

小青花金龟（*Oxycetonia jucunda* Faldermann）属鞘翅目花金龟科，又称小青花潜，在我国许多省(区)均有分布，可为害苹果、梨、

桃、杏、山楂、板栗、葡萄、柑橘、海棠、杨、柳、榆和葱等多种植物。主要以成虫咬食嫩芽、花蕾、花器、嫩叶及果实，嫩芽、花瓣被食成缺刻或吃光，花蕾被咬成孔洞，花蕊被吃光，嫩叶被食成缺刻或孔洞，果实被咬成孔洞等，对果树发芽、开花、坐果及树体生长影响很大，并造成产量损失。幼虫孵化后以腐殖质为食，长大后取食根部，但为害不明显（图557、图558）。

图557　小青花金龟成虫为害果实

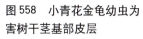

图558　小青花金龟幼虫为害树干茎基部皮层

成虫长椭圆形稍扁，体长11～16毫米，宽6～9毫米，体色变化较大，背面暗绿色或绿色至古铜色微红及黑褐色，多为绿色或暗绿色，具光泽，体表密布淡黄色毛和点刻；头较小，黑褐色或黑色；前胸和翅面上生有白色或黄白色绒斑；臀板宽短，近半圆形，中部偏上具4个白绒斑，横列或呈微弧形排列；腹面黑褐色。卵椭圆形，长1.7～1.8毫米，宽1.1～1.2毫米，初乳白色渐变淡黄色。老熟幼虫体长32～36毫米，体乳白色，头部棕褐色或暗褐色，上颚黑褐色，前顶刚毛、额中刚毛、额前侧刚毛各具1根，臀节肛腹片后部生长短刺状刚毛；胸足发达，腹足退化。蛹长 14 毫米，初淡黄白色，后变橙黄色（图 559、图 560）。

图 559　小青花金龟成虫

图 560　小青花金龟幼虫

四十三、苹果透翅蛾

苹果透翅蛾（*Conopia hector* Butler）属鳞翅目透翅蛾科，又称苹果小翅蛾、苹果旋皮虫，俗称串皮干，分布于东北、西北、华北、华中等地，除主要为害苹果外，还可为害沙果、梨、桃、李、杏和樱桃等果树。以幼虫在树干枝叉等处蛀入皮层下食害韧皮部，形成深达木质部的不规则虫道，被害处常有似烟油状的红褐色树脂黏液流出。被害伤口易受腐烂病菌侵染，导致腐烂病发生（图 561、图 562）。

图 561　苹果透翅蛾为害幼树枝干，流出黏液

图 562 苹果透翅蛾幼虫
在树皮下为害

　　成虫体长约 12 毫米，全体蓝黑色，有光泽，头后缘环生黄色短毛，触角丝状、黑色；前翅大部分透明，翅脉、前缘及外缘黑色，后翅透明；前足基节外侧、后足胫节中部及端部、各足附节均为黄色；腹部 4～5 节背面后缘各有 1 条黄色横带，腹部末端具毛丛，雄蛾毛丛呈扇状，边缘黄色。老熟幼虫体长 20～25 毫米，头黄褐色，胸腹部乳白色，背中线淡红色。蛹长约 13 毫米，黄褐色至黑褐色，头部稍尖，腹部 4～8 节背面前后缘各有 1 排刺状突起，腹部第三节和第九节仅前缘具刺状突，腹部末端有 6 个小刺突。卵扁椭圆形，长 0.5 毫米，黄白色，产在树干粗皮缝隙及伤疤处（图 563）。

图 563 树皮下的苹果透翅蛾老龄幼虫

四十四、苹小吉丁虫

苹小吉丁虫（*Agrilus mali* Mats.）属鞘翅目吉丁虫科，又称苹果吉丁虫、苹果金蛀甲，俗称串皮干，在我国许多果区均有发生，可为害苹果、沙果、海棠、花红、梨、桃、樱桃和杏等果树。以幼虫在树干皮层内蛀食为害，造成皮层变黑褐色凹陷，后期干裂枯死。另外，虫疤上常有红褐色黏液渗出，俗称"冒红油"（图564、图565）。

图564 苹小吉丁虫为害的树干

图565 苹小吉丁虫为害状

成虫体长6～9毫米，全体紫铜色，有金属光泽，体似楔状；头部扁平，复眼大、呈肾形，前胸发达呈长方形，略宽于头部，鞘翅窄，翅端尖削。老熟幼虫体长15～22毫米，体扁平，头部和尾部为褐色，胸腹部乳白色，头小，多缩入前胸，前胸特别膨大，中、后胸较小，腹部第七节最宽，胸足、腹足均已退化。卵长约1毫米，椭圆形，初产时乳白色，后渐变为黄褐色，产在枝条向阳面粗糙的缝隙处（图566）。

图566 苹小吉丁虫幼虫

四十五、桑 天 牛

桑天牛（*Apriona germari* Hope）属鞘翅目天牛科，又称褐天牛、粒肩天牛，俗称铁炮虫，在我国大部分地区都有发生，是苹果和梨树的主要蛀干害虫之一。除为害苹果、梨外，还可为害海棠、沙果、樱桃、枇杷、柑橘等果树及桑、构、杨、柳、榆和柞等多种林木，特别是周边有桑树或构树的管理粗放果园受害较重。主要以幼虫蛀食果树枝干木质部及髓部，由上向下蛀食，隔一定距离向外蛀一通气排粪孔，排出大量粪屑。为害轻时，树势衰弱、生长不良、影响产量，受害重时植株枯死。另外，成虫还可食害嫩枝树皮及叶片，但是不造成为害（图567）。

图567　桑天牛蛀干为害的排粪孔

雌虫体长约46毫米，雄虫体长约36毫米，身体黑褐色，密生暗黄色细绒毛，头部和前胸背板中央有纵沟，前胸背板有横隆起纹；鞘翅基部密生黑瘤突，肩角有一黑刺。老龄幼虫体长约70毫米，乳白色，头部黄褐色，前胸节特大，背板密生黄褐色短毛和赤褐色刻点，隐约可见"小"字形凹纹。蛹长约50毫米，初为淡黄色，后变黄褐色。卵长椭圆形，弯曲，稍扁平，长约6.5毫米，乳白色或黄白色（图568～571）。

177

图 568　桑天牛成虫

图 569　桑天牛卵

图 570　桑天牛产卵痕和初孵幼虫

图 571　桑天牛幼虫

四十六、星 天 牛

　　星天牛（*Anoplophora chinensis* Förster）属鞘翅目天牛科，又称白星天牛、银星天牛，在我国分布非常广泛，寄主种类繁多，可为害苹果、梨、李、樱桃、核桃、无花果、柑橘等多种果树及杨、柳、榆、槐、桑等多种林木。以幼虫蛀食枝干木质部进行为害，在木质部内蛀食成隧道，逐渐向根部蛀食，影响水分、养分输送及树体的生长发育。严重时树干被蛀空，造成树干折断，甚至全株死亡。

雌虫体长约 32 毫米，雄虫体长约 21 毫米，全体漆黑色，头部中央有一纵回陷，前胸背板左右各有 1 枚白点，鞘翅上散生许多白点，白点大小因个体差异颇大。本种与光肩星天牛的区别主要是鞘翅基部有黑色小颗粒，而后者鞘翅基部光滑。老熟幼虫体长约 45 毫米，乳白色至淡黄色，头褐色，长方形，前胸背板上有 2 个黄褐色飞鸟形纹。蛹纺锤形，裸蛹，长 30～38 毫米，淡黄色，羽化前变为黄褐色至黑色。卵长椭圆形，长约 5 毫米，黄白色（图 572、图 573）。

图 572　星天牛幼虫

图 573　星天牛卵

四十七、苹果枝天牛

苹果枝天牛（*Linda fraterna* Chevr）属鞘翅目天牛科，又称顶斑筒天牛，在我国分布较广，主要为害苹果树，其次还可为害梨树、李、梅、杏、樱桃等。主要以幼虫蛀食嫩枝，钻入髓部向下蛀食，导致被害枝梢枯死，影响新梢生长，幼树受害较重。其次，成虫还可取食树皮、嫩叶，但为害不明显。

雌成虫体长约18毫米，雄成虫体长约15毫米，体长筒形，橙黄色，鞘翅、触角、复眼、足均为黑色。老熟幼虫体长28～30毫米，橙黄色，前胸背板有倒八字形凹纹。蛹长约28毫米，淡黄色，头顶有1对突起（图574）。

图574　苹果枝天牛幼虫

四十八、芳香木蠹蛾

芳香木蠹蛾（*Cossus cossus* L.）属鳞翅目木蠹蛾科，又称木蠹蛾、杨木蠹蛾、蒙古木蠹蛾等，在山东、河北、山西、北京、辽宁、青海等省市均有发生，主要为害苹果、梨、核桃、杨、柳、榆、槐、白蜡、香椿等果树及林木。以幼虫在树干基部群集为害，并在根部蛀食皮层，受害处常有十几条幼虫，蛀孔处堆有虫粪。幼虫受惊后能分泌一种特异香味。被害根颈部皮层开裂，排出深褐色的虫粪和木屑，并有褐色液体流出，严重破坏树干基部及根系的输导功能，导致树势逐年减弱，产量下降，甚至植株枯死。

成虫体长24～42毫米，雄蛾翅展60～67毫米，雌蛾翅展

66～82毫米，体灰褐色，翅基片、胸部、背部土褐色，后胸具1条黑横带；前翅灰褐色，基半部银灰色，前缘生8条短黑纹，中室内3/4处及稍向外具2条短横线，翅端半部褐色。卵近卵圆形，长1.5毫米，宽1毫米，初产时白色，孵化前暗褐色。老熟幼虫体长80～100毫米，扁圆筒形，背面紫红色有光泽，体侧红黄色，腹面淡红至黄色，头紫黑色，前胸背板淡黄色，有2块黑褐色大斑横列，胸足3对黄褐色，臀板黄褐色。蛹长30～50毫米，暗褐色，2～6腹节背面各具2列横刺，前列长超过气门，刺较粗，后列短不达气门，刺较细。茧长椭圆形，长50～70毫米，由丝黏结土粒构成，较致密（图575、图576）。

图575　芳香木蠹蛾成虫

图576　芳香木蠹蛾幼虫

四十九、豹纹木蠹蛾

豹纹木蠹蛾（*Zeuzera coffeae* Niether）属鳞翅目蠹蛾科，又称六星黑点蠹蛾、咖啡木蠹蛾、咖啡黑点木蠹蛾、咖啡豹纹木蠹蛾等，分布于河北、河南、山东、山西、东北等省（区），可为害苹果、枣、桃、柿子、山楂、核桃等果树及杨、柳等林木。以幼虫蛀食枝条为害，被害枝基部木质部与韧皮部之间有1个蛀食环，幼虫沿髓部向下蛀食，枝上有数个排粪孔，长椭圆形粪便从孔内排出，受害枝上部变黄枯萎，遇风易折断（图 577～579）。

图 577　豹纹木蠹蛾为害苹果枝条

图 578　豹纹木蠹蛾钻蛀孔

图 579　豹纹木蠹蛾钻蛀留下的虫道

成虫体灰白色，雌蛾体长 20～38 毫米，雄蛾体长 17～30 毫米，前胸背面有 6 个蓝黑色斑，前翅散生大小不等的青蓝色斑点，腹部各节背面有 3 条蓝黑色纵带，两侧各有 1 个圆斑。卵为圆形，淡黄色。老龄幼虫体长约 30 毫米，头部黑褐色，体紫红色或深红色，尾部淡黄色，各节有很多粒状小突起，上生白毛 1 根。

蛹长椭圆形，红褐色，长14～27毫米，背面有锯齿状横带，尾端具短刺12根（图580）。

图580　豹纹木蠹蛾幼虫

五十、康氏粉蚧

康氏粉蚧 [*Pseudococcus comstocki*（Kuwana）] 属同翅目粉蚧科，又称桑粉蚧、梨粉蚧、李粉蚧，在我国许多省（区）均有发生，可为害苹果、梨、桃、李、杏、山楂、葡萄、金橘、刺槐、樟树、佛手瓜和君子兰等多种植物。以雌成虫和若虫刺吸汁液为害，芽、叶、果实、枝干及根部均可受害，但以果实受害损失较重。果实上多在萼洼、梗洼处刺吸为害，既影响果实着色，又分泌蜡粉污染果面，并常诱使"煤烟病"发生，对果品质量影响很大，特别是套袋果实，严重果园虫果率可达40%～50%，损失惨重。

其次，枝干及根部受害一般树体无异常表现，但严重时导致树势衰弱（图581～583）。

图581　康氏粉蚧为害影响果实着色

图582 康虱粉蚧为害，蜡粉污染果面

图583 康氏粉蚧在树皮缝隙处为害

　　雌成虫椭圆形，较扁平，体长3～5毫米，体粉红色，表面被白色蜡粉，体缘具17对白色蜡丝，体前端的蜡丝较短，后端最末1对蜡丝较长，几乎与体长相等，蜡丝基部粗，尖端略细；胸足发达，后足基节上有较多的透明小孔；臀瓣发达，其顶端生有1根臀瓣刺和几根长毛。雄成虫体紫褐色，体长约1毫米，翅展约2毫米，翅1对，透明，后翅退化成平衡棒，具尾毛。初孵若虫体扁平，椭圆形，淡黄色，外形似雌成虫。仅雄虫有蛹期，蛹浅紫色，触角、翅、足均外露。卵椭圆形，长约0.3毫米，浅橙黄色，数十粒集中成块，外覆薄层白色蜡粉，形成白絮状卵囊（图584）。

图584 康氏粉蚧雌成虫

五十一、草 履 蚧

草履蚧［*Drosicha corpulenta*（Kuwana）］属同翅目硕蚧科，又称草鞋蚧，在我国许多省（区）均有发生，可为害苹果、桃、梨、柿、枣、无花果、柑橘、荔枝、栗、槐、柳、泡桐和悬铃木等多种果树及林木。以雌成虫和若虫刺吸树体汁液，群集或分散为害，树体根部、枝干、芽腋、嫩梢、叶片及果实均可受害，后期虫体表面覆盖有白色絮状物。受害树体树势衰弱，生长不良，严重时导致早期落叶，甚至死枝死树（图585、图586）。

图585　草履蚧若虫为害小枝

图586　草履蚧若虫为害幼果

雌成虫体长约10毫米，扁平椭圆形似草鞋底状，体褐色或红褐色，被覆霜状蜡粉；触角8节，节上多粗刚毛；足黑色，粗大。雄成虫体紫色，长5～6毫米，翅展约10毫米，翅淡紫黑色，半透明，翅脉2条；触角10节，念珠状，有缢缩并环生细长毛。若虫体似雌成虫，但虫体较小。雄蛹圆筒状，棕红色，长约5毫米，外被白色绵状物。卵椭圆形，初产时黄白色渐变橘红色，产于卵囊内，卵囊为白色绵状物，内含近百卵粒（图587～590）。

185

图 587　草履蚧雌成虫

图 588　草履蚧雄成虫

图 589　在树干皮层下为害的草履蚧若虫

图 590　树干绑缚塑料裙
防止草履蚧上树为害

五十二、朝鲜球坚蚧

　　朝鲜球坚蚧（*Didesmococcus koreanus* Borchs）属半翅目蜡蚧科，又称杏球坚蚧、桃球坚蚧，在我国许多省区均有发生，可为害苹果、梨、桃、李、杏、梅等多种果树。以若虫和雌成虫刺吸汁液，1～2年生枝条上发生较多。初孵若虫还可爬到嫩枝、叶片和果实上为害，二龄后多群集固定在小枝条上为害，虫体逐渐膨大，并逐渐分泌形成介壳。严重时，枝条上密密麻麻一片，致使枝叶生长不良，树势衰弱。果树发芽开花时期为害较重（图591）。

雌成虫无翅，介壳半球形，横径约4.5毫米，高约3.5毫米，介壳红褐色，表面无明显皱纹，背面有纵列凹陷的小刻点3～4行或不成行列，腹面与枝条结合处有白色蜡粉，体腹面淡红色，体节隐约可见。雄虫介壳长扁圆形，

图591　朝鲜球坚蚧雌成虫在小枝上的固着为害

长约1.8毫米，白色，隐约可见分节，近化蛹时，介壳与虫体分开。雄成虫体长约2毫米，赤褐色，有翅1对，后翅退化成平衡棒，翅透明，翅脉简单，腹部末端有1对白色蜡质尾毛和1根性刺。初孵若虫长扁圆形，全体淡粉红色，眼红色极明显，足黄褐色发达，活动能力强，体表被有白色蜡粉，腹部末端有1对白色尾毛。固着后的若虫体色较深，背面覆盖白色丝状蜡质物。越冬后的若虫，雌雄两性逐渐分化，雌虫长椭圆形，体表有黑褐色相间的条纹；雄虫体瘦小，身体背面臀板前缘有两个大型黄白色斑纹，左右互相连接。雄蛹裸蛹，体长1.8毫米，赤褐色，腹部末端有黄褐色刺突，

蛹外被长椭圆形茧。卵椭圆形，长约0.3毫米，粉红色，近孵化时显出红色眼点（图592～595）。

图592　朝鲜球坚蚧雌虫介壳

图593 朝鲜球坚蚧雌虫介壳和雄虫介壳

图594 朝鲜球坚蚧卵

图595 朝鲜球坚蚧一龄若虫

五十三、梨 圆 蚧

梨圆蚧（*Diaspidiotus perniciosus* Comstock）属同翅目盾蚧科，又称梨圆盾蚧、梨笠圆盾蚧，在我国分布非常普遍，且寄主范围很广，已知达300余种，可为害苹果、梨、海棠、桃、李、杏、樱桃、梅、山楂、葡萄、核桃、柿、枣和榅桲等多种果树。以雌成虫和若虫固着在枝条、果实和叶片上刺吸汁液为害。枝干受害，可引起皮层爆裂，严重时造成落叶和枝梢干枯，导致树势衰弱。果实受害，多集中在萼洼和梗洼处，形成紫红色环纹，影响果实品质（图596）。

图 596　梨圆蚧为害果实状

雌成虫无翅，体扁圆形，黄色，口器丝状，着生于腹面，体被灰色圆形介壳，直径约 1.3 毫米，中央稍隆起，壳顶黄色或褐色，表面有轮纹。雄成虫有翅，体长约 0.6 毫米，翅展约 1.2 毫米，头、胸部橘红色，

腹部橙黄色，触角鞭状 11 节；前翅 1 对，半透明，脉纹简单，后翅特化为平衡棒；腹部橙黄色，末端有剑状交尾器。雄介壳长椭圆形，灰色，长约 1.2 毫米，壳点偏向一边。初孵若虫体长约 0.2 毫米，扁椭圆形，淡黄色，触角、口器、足均较发达，口器很长，是体长的 2 ~ 3 倍，弯于腹面，腹末有 2 根长毛。二龄若虫眼、触角、足和尾毛均消失，开始分泌介壳，固定不动。三龄若虫可以区分雌雄，介壳形状近于成虫。雄蛹体长约 0.6 毫米，长锥形，淡黄略带淡紫色（图 597）。

图 597　梨圆蚧雌成虫介壳

189

五十四、大青叶蝉

大青叶蝉 [*Tettigella viridis* (Linnaeus)] 属同翅目叶蝉科，又称大绿浮尘子、青叶跳蝉，全国各地都有发生，寄主范围较广，可为害苹果、梨、桃、李、杏、核桃等多种果树及许多种其他植物。成虫、若虫均可刺吸枝梢、叶片等较幼嫩组织的汁液，但在果树上主要以成虫产卵为害。晚秋季节雌成虫用其锯状产卵器刺破枝条表皮呈月牙状翘起，将6~12粒卵产在其中，卵粒排列整齐，成肾形凸起。虫量大时导致枝条遍体鳞伤，抗低温及保水能力降低，常导致春季抽条，严重时致使枝条枯死、植株死亡（图598、图599）。

图598 大青叶蝉在枝干上的
产卵为害状（第二年）

图599 大青叶蝉产卵为害状（当年）

成虫体长7~10毫米，体黄绿色，腹面黄色；头黄褐色，复眼黑褐色，头部背面有2个黑点，触角刚毛状；前胸背板前缘黄绿色，其余部分深绿色；前翅绿色，革质，尖端透明；后翅黑色，折叠于前翅下面；足黄色。卵长卵形，长约1.6毫米，稍弯曲，一端稍尖，乳白色，数粒整齐排列成卵块。若虫共5龄，幼龄若虫体灰白色，三龄以后黄绿色，胸部及腹部背面具褐色纵条纹，并出现翅芽，老龄若虫体似成虫，仅翅未形成（图600、图601）。

图 600　大青叶蝉成虫

图 601　大青叶蝉卵块

五十五、蚱　蝉

蚱蝉（*Cryptotympana atrata* Fabricius）属同翅目蝉科,俗称知了、鸣蝉、秋蝉、黑蝉等,全国各地均有发生,可为害苹果、梨、桃、李、杏、樱桃、枣等多种果树及榆、柳、杨等多种林木。主要以成虫用锯状产卵器产卵为害。成虫产卵时刺破 1 年生枝条的表皮和木质部,伤口处的表皮呈斜锯齿状翘起,产卵后上部枝条逐渐枯死。剖开产卵处伤口翘皮,即可见乳白色卵粒。成虫发生量大时,树冠上许多枝条被害干枯,对树势及树冠扩大有较大影响。另外,成虫还可吸食嫩枝汁液。若虫在土中也可刺吸根部汁液,但均无明显症状（图 602、图 603）。

图 602　蚱蝉产卵为害,导致枝条干枯

图603 蚱蝉产卵为害伤口

成虫体长44～48毫米，翅展约125毫米，体黑色，有光泽。头小，复眼大，头顶有3个黄褐色单眼，排列成三角形，触角刚毛状；中胸发达，背部隆起。卵梭形稍弯，长约2.5毫米，头端比尾端略尖，乳白色。若虫老熟时体长约35毫米，黄褐色，体壁坚硬，前足为开掘足（图604～607）。

图604 蚱蝉成虫

图605 蚱蝉卵粒

图606 蚱蝉若虫

图607 蚱蝉的蝉蜕

第三章 苹果病害防治

一、根朽病

【病　原】 发光假蜜环菌 [*Armillariella tabescens* (Socp.et Fr.) Sing.]，属于担子菌亚门层菌纲伞菌目。不产生无性孢子及菌索。有性阶段产生蘑菇状子实体，但在病害侵染循环中无明显作用。病菌寄主范围非常广泛，可侵害 300 多种植物。

【发病规律】 根朽病菌主要以菌丝体在田间病株和病株残体上越冬，病残体腐烂分解后病菌死亡，没有病残体的土壤不携带病菌。病残体在田间的移动及病健根的接触是病害传播的主要方式。病菌主要从伤口侵染，也可直接侵染衰弱根部，而后迅速扩展危害。由旧林地、河滩地、古墓坟场及老果园改建的果园，因病残体残余可能性大或较多而容易发病，原来没有种过树木及果园的地块很少发病。树势衰弱，发病快，易导致全株枯死；树势强壮，病斑扩展缓慢，不易造成死树。

【防治技术】 根朽病必须以防为主，而预防的关键是注意果园的前作；同时，及时发现并治疗病树也非常重要。

1. **园地选择**　　新建果园时，最好选择没有种过树木及果树的地块。如果必须在旧林地、河滩地、古墓坟场或老旧果园处新建果园时，则首先必须彻底清除树桩、残根、烂皮等病残体，其次要对土壤进行灌水、翻耕、晾晒、休闲等处理，以促进病残体腐烂分解。有条件的也可以在夏季用塑料薄膜覆盖土壤，利用太阳能杀死病菌；另外，也可用40%甲醛液200倍液浇灌土壤后覆膜，进行密闭熏蒸杀菌，1～2个月后去膜、翻地，待甲醛气味充分散发后再定植苗木。

2. 及时治疗病树　　发现病树后及时治疗进行挽救。一是要从根颈部向下寻找发病部位，将患病部位彻底找到，而后将受害的细支根及根颈部与大根上的局部受害组织及菌丝体彻底清除；如整条根受害，要从基部锯除，并向下将整条病根彻底挖出。病根、病皮等病残组织要仔细收集烧毁，不能随便抛弃。二是要涂药保护伤口，防止病斑复发，有效药剂如：2.12%腐殖酸铜水剂原液、30%戊唑·多菌灵悬浮剂100～200倍液、77%硫酸铜钙可湿性粉剂100～200倍液、2～3波美度石硫合剂等。三是要加强栽培管理，增施肥水、控制结果量、增加叶面喷肥等，如果已去除大根，还应注意根部桥接，以保证养分及水分正常运输，促进树势恢复。四是不能彻底清楚病残体的病树或轻病树，也可对根区土壤灌药进行治疗。方法是：在树冠下正投影范围内每隔20～30厘米打一孔洞，孔径3～4厘米，孔深40～50厘米，然后每孔灌入200倍40%甲醛液100毫升，灌药后用土封闭灌药孔即可。需要指出，衰弱树及夏季高温干旱季节不宜灌药，以免发生药害。

3. 挖封锁沟　　发现病树后，在病树周围挖沟封锁，防止病树根与周围健树根的接触，以防止病区扩大。一般沟深50～60厘米、沟宽20～30厘米。

二、紫纹羽病

【**病　原**】　桑卷担菌（*Helicobasidium mompa* Tanaka），属于担子菌亚门层菌纲木耳目。病菌不产生无性孢子，常在病根外形成紫红色菌丝膜、菌索或菌核，有时菌丝膜上可产生担子和担孢子，但比较少见。病菌寄主范围比较广泛，可侵害100多种高等植物。

【发病规律】　紫纹羽病菌主要以菌丝（或菌丝膜）、菌索、菌核在田间病株、病株残体及土壤中越冬，菌索、菌核在土壤中可存活5～6年甚至更久。近距离传播（果园内及其附近）主要通过病菌及病残体的移动扩散，也可通过病健根接触传播。直接穿透根皮侵染，也可从各种伤口侵入危害。该病还可通过带病苗木的调运进行远距离传播。

刺槐、花生、甘薯是紫纹羽病菌的重要寄主，由刺槐林改建的果园或靠近刺槐的果园容易发病，在幼龄树园内间套种花生、甘薯等病菌的寄主作物易造成该病传播扩散与严重发生。树势衰弱病害发生蔓延快而较重，树势强壮病害发生蔓延缓慢而轻。

【防治技术】　注意果园前作，不在旧林地、河滩地、古墓坟场及老果园处建园或培育苗木是防治紫纹羽病的基础，培育和利用无病苗木是防病的关键，及时治疗病树是避免死树及毁园的保证。

1. 园地选择　尽量不在旧林地、河滩地、古墓坟场及老旧果园处新建果园，如必须在上述地块建园时，则苗木栽植前必须先进行园地内的枯木残体清除及消毒灭菌，具体方法详见"根朽病"的防治部分。

2. 培育和利用无病苗木　避免使用发生过紫纹羽病的老果园、旧苗圃和种植过刺槐的林地作苗圃是培育无病苗木的根本措施。如必须使用这样的地块育苗时，则必须先进行土壤灭菌消毒处理，如休闲或轮作非寄主植物3～5年、夏季塑料薄膜覆盖利用太阳能高温灭菌等。

调运苗木前，要进行苗圃检查，坚决不用病苗圃的苗木。定植前仔细检验，发现病苗彻底淘汰并烧毁，并对剩余苗木进行药剂浸泡消毒处理。一般使用77%硫酸铜钙可湿性粉剂300～400倍液、或45%代森铵水剂600～800倍液、或70%甲基硫菌灵可湿性粉剂或500克/升悬浮剂600～800倍液、或30%戊唑·多菌灵悬浮剂800～1000倍液浸泡苗木5～10分钟，有较好的杀菌效果。

3. **及时治疗病树**　发现病树找到患病部位后，首先要将病部组织彻底清除干净，并将病残体彻底清到园外烧毁，然后涂药保护伤口，如2.12%腐殖酸铜水剂原液、77%硫酸铜钙可湿性粉剂100～200倍液、70%甲基硫菌灵可湿性粉剂或500克／升悬浮剂100～200倍液、45%石硫合剂晶体30～50倍液等。其次，对病树根区土壤进行灌药消毒，效果较好的有效药剂有：45%代森铵水剂500～600倍液、77%硫酸铜钙可湿性粉剂500～600倍液、50%克菌丹可湿性粉剂500～600倍液、60%铜钙·多菌灵可湿性粉剂500～600倍液等。灌药液量因树体大小而异，以药液将病树主要根区渗透为宜，一般密度的成龄树每株需浇灌药液100～200千克。

4. **其他措施**　加强果园肥水管理，培育壮树，提高树体抗病能力。病树治疗后注意及时桥接和根接，促进树势恢复。幼树时期不宜间作或套种甘薯、花生等病菌寄主作物，避免间作植物带菌传播及病菌在田间扩散蔓延。发现病树后及时挖沟封锁，防止病害传播扩散，一般沟深40～50厘米、沟宽20～30厘米。

三、白纹羽病

【病　原】褐座坚壳［*Rosellinia necatrix*（Hart.）Berl.］，属于子囊菌亚门核菌纲球壳目；无性时期为白纹羽束丝菌（*Dematophora necatrix* Hart.)，属于半知菌亚门丝孢纲束梗孢目。自然界常见其菌丝体阶段，有时可形成菌核，无性孢子和有性孢子非常少见。该病菌寄主范围较广，可侵害 60 多种高等植物。

【发病规律】　白纹羽病菌主要以菌丝（或菌丝膜）、菌索及菌核在田间病株、病株残体及土壤中越冬，菌索、菌核在土壤中可存活 5 ~ 6 年及以上。近距离传播（果园内及其附近）主要通过病菌及病残体的移动扩散，也可通过病、健根接触传播。直接穿透新根的柔软组织侵染，也可从各种伤口侵入危害。远距离传播为带病苗木的调运。

甘薯、大豆、花生是白纹羽病菌的重要寄主，在幼树园内间套种甘薯、大豆、花生等病菌的寄主作物易造成该病传播扩散与严重发生。树势衰弱病害发生蔓延快而较重，树势强壮病害发生蔓延缓慢而轻。

【防治技术】　避免在旧林地、河滩地、古墓坟场或老果园处建园及苗圃是预防白纹羽病的基础，培育和利用无病苗木是防病的关键，及时治疗病树是避免死树及毁园的保证，注意果园间作及加强栽培管理是防治病害发生危害的重要辅助。

1. 加强苗木检验与消毒　调运苗木时应严格进行检查，最好进行产地检验，杜绝使用病苗圃的苗木，已经调入的苗木要彻底剔除病苗并对剩余苗木进行消毒处理。一般使用 50% 多菌灵可湿性粉剂 600 ~ 800 倍液，或 70% 甲基硫菌灵可湿性粉剂或 500 克 / 升悬浮剂 800 ~ 1 000 倍液，或 77% 硫酸铜钙可湿性粉剂 600 ~ 800 倍液浸泡苗木 3 ~ 5 分钟，而后栽植。

2. 加强栽培管理　育苗或建园时，尽量不选用老苗圃、老果园、旧林地、河滩地及古墓坟场等场所，如必须使用这些场所时，首先要彻底清除树桩、残根、烂皮等带病残体，然后再对土壤进行翻耕、覆膜暴晒、灌水或休闲、轮作，促进残余病残体的腐烂分解。增施有机肥及农家肥,培强树势,提高树体伤口愈合能力及抗病能力。幼树果园行间避免间套作花生、大豆、甘薯等白纹羽病菌的寄主植物,以防传入病菌及促使病菌扩散蔓延。

3. 及时治疗病树 发现病树后首先找到发病部位,将病部彻底刮除干净,并将病残体彻底清到园外销毁,然后涂药保护伤口,如2.12%腐殖酸铜水剂原液、30%戊唑·多菌灵悬浮剂100～200倍液、77%硫酸铜钙可湿性粉剂100～200倍液等。另外,也可根部灌药对轻病树进行治疗,效果较好的药剂如:45%代森铵水剂500～600倍液、50%克菌丹可湿性粉剂500～600倍液、60%铜钙·多菌灵可湿性粉剂400～600倍液、70%甲基硫菌灵可湿性粉剂或500克/升悬浮剂800～1 000倍液、50%多菌灵可湿性粉剂600～800倍液等。浇灌药液量因树体大小而异,以药液将整株根区渗透为宜,一般密度的成龄树每株需浇灌药液100～200千克。

4. 其他措施 发现病树后,应挖封锁沟对病树进行封闭,防止病健根接触传播,一般沟深50～60厘米、宽20～30厘米。病树治疗后及时进行根部桥接或换根,促进树势恢复。

四、白绢病

【**病　原**】 白绢薄膜革菌[*Pellicularia rolfsii* (Sacc.) West],属于担子菌亚门层菌纲非褶菌目;无性时期为整齐小菌核 (*Sclerotium rolfsii* Sacc.),属于半知菌亚门丝孢纲无孢目。自然界常见其菌丝体和菌核,菌核初白色,渐变为淡黄色、棕褐色至茶褐色,似油菜籽状,直径0.8～2.3毫米。病菌寄主范围比较广泛,可侵害200多种植物。

【**发病规律**】 白绢病菌主要以菌核在土壤中越冬,也可以菌丝体在田间病株及病残体上越冬。菌核抗逆性很强，在土壤中可存活5～6年甚至更久，但在淹水条件下3～4个月即死亡。菌核萌发的菌丝及田间菌丝体主要通过各种伤口进行侵染，尤以嫁接口最重要，有时也可在近地面的茎基部直接侵入。菌丝蔓延扩展、菌核随水流或耕作移动，是该病近距离传播的主要途径；远距离传播主要通过带病苗木的调运。白绢病在苹果树的整个生长期均可发生。

【防治技术】

1. 培育和利用无病苗木　不要使用旧林地、花生地、大豆地及瓜果蔬菜地育苗，最好选用前茬为禾本科作物的地块做苗圃，种过1年水稻或3～5年小麦、玉米的地块最好。调运和栽植前应仔细检验苗木，发现病苗彻底烧毁，剩余苗木进行药剂消毒处理后才能栽植。苗木消毒方法同"白纹羽病"。

2. 及时治疗病树　发现病树后及时对患病部位进行治疗。在彻底刮除病变组织的基础上涂药保护伤口、彻底销毁病残体、并药剂处理病树穴及树干周围。保护伤口可用2.12%腐殖酸铜原液，或3%甲基硫菌灵糊剂，或77%硫酸铜钙可湿性粉剂300～400倍液，或60%铜钙·多菌灵可湿性粉剂300～400倍液等；处理病树穴及树干周围土壤可用77%硫酸铜钙可湿性粉剂500～600倍液，或60%铜钙·多菌灵可湿性粉剂500～600倍液、或45%代森铵水剂500～600倍液等进行浇灌。

3. 其他措施　病树治疗后及时进行桥接，促进树势恢复。发现病树后，在病树下外围堆设闭合的环形土埂，防止菌核等病菌组织随水流传播蔓延。

五、圆斑根腐病

【病　原】　可由多种镰刀菌引起，如尖镰孢（*Fusarium*

oxysporum Schl.）、腐皮镰孢 [*F.solani*（Mart.）App.et Woll.]、弯角镰孢（*F.camptoceras* Woll.et Reink）等，均属于半知菌亚门丝孢纲瘤座孢目。病菌在土壤中广泛存在，均为弱寄生菌，并有一定的腐生性。

【发病规律】 圆斑根腐病菌都是土壤习居菌，可在土壤中长期腐生生存。当果树根系生长衰弱时，病菌即可侵染而导致根系受害。地块低洼、排灌不良、土壤通透性差、营养不足、有机质贫乏、长期大量施用速效化肥、土壤板结、土质盐碱、大小年结果严重、果园内杂草丛生、其他病虫害发生严重等，一切导致树势及根系生长衰弱的因素，均可诱发病菌对根系的侵害，造成该病发生。

【防治技术】 以增施有机肥、微生物肥料及农家肥、改良土壤质地、增加有机质含量、增强树势、提高树体抗病能力为重点，结合以适当的病树及时治疗。

1. **加强栽培管理** 增施有机肥、微生物肥料及农家肥，合理施用氮、磷、钾肥，科学配合中微量元素肥料，提高土壤有机质含量，改良土壤，促进根系生长发育。深翻树盘，中耕除草，防止土壤板结，改善土壤不良状况。雨季及时排除果园积水，降低土壤湿度。根据土壤肥力水平及树势状况科学结果量，并加强造成早期落叶的病虫害防治，培育壮树，提高树体抗病能力。

2. **病树适当治疗** 轻病树通过改良土壤即可促使树体恢复健壮，重病树需要辅助灌药治疗。治疗效果较好的药剂有：50%克菌丹可湿性粉剂 500～600 倍液、77%硫酸铜钙可湿性粉剂 500～600 倍液、60%铜钙·多菌灵可湿性粉剂 500～600 倍液、45%代森铵水剂 500～600 倍液、70%甲基硫菌灵可湿性粉剂或 500 克/升悬浮剂 800～1 000 倍液、500 克/升多菌灵悬浮剂 600～800 倍液等。灌药治疗时，要使药液将主要根区渗透，一般栽植密度的成龄树每株需浇灌药液 100～200 千克。

六、根癌病

【病　原】　癌肿野杆菌 [*Agrobacterium tumefaciens* (Smith et Towns) Conn.]，属于细菌。病菌寄主范围非常广泛，可侵害59科142属的300多种植物。病菌发育最适 pH 值为 7.3，耐 pH 值为 5.7～9.2。

【发病规律】　根癌病菌主要以细菌菌体在癌瘤组织的皮层内越冬，也可在土壤中越冬，病菌在土壤中可存活 1 年左右。主要通过雨水和灌溉水传播扩散，地下害虫（如蛴螬、蝼蛄等）也有一定附着传病作用；苗木带菌是该病远距离传播的重要途径。病菌从各种伤口进行侵染，尤以嫁接口最为重要。病菌侵入后，将致病因子 Ti 质粒传给寄主细胞，使该细胞成为不断分裂的转化细胞，进而导致形成肿瘤。即使后期病组织中不再有病菌生存，肿瘤仍可不断增大。

土壤潮湿有利于病菌侵染，干燥对病菌侵入不利。碱性土壤病重，酸性土壤病轻，pH≤5 的土壤不易发病。切接或劈接伤口大，愈合慢，有利于病菌侵染；嫁接后培土掩埋伤口，使病菌与伤口接触，发病率高。芽接发病率低。

【防治技术】

1. **培育和利用无病苗木**　不用老苗圃、老果园、尤其是发生过根癌病的地块作苗圃；苗木嫁接时提倡芽接法，尽量避免使用切接、劈接；栽植时使嫁接口高出地面，避免嫁接口接触土壤；碱性土壤育苗时，应适当施用酸性肥料并增施有机肥，降低土壤酸碱度；注意防治地下害虫，避免造成伤口。

苗木调运或栽植前要进行检查，最好采取苗圃检验，尽量不使用有病苗圃的苗木。如果已调进苗木，要仔细检查，发现病苗必须淘汰并销毁，剩余表面无病的苗木进行消毒处理。一般使用1%硫酸铜溶液、或77%硫酸铜钙可湿性粉剂 200 ～ 300 倍液、或生物农药 K84 浸根 3 ～ 5 分钟。另外，苗木栽植前用 K84 浸根处理，可预防栽植后病菌的侵染危害。

2. 病树治疗　　大树发现病瘤后，首先将病组织彻底刮除，然后用 1%硫酸铜溶液、或 77%硫酸铜钙可湿性粉剂 200 ～ 300 倍液、或 72%硫酸链霉素可溶性粉剂 1 000 ～ 1 500 倍液、或生物农药 K84 消毒伤口，再外加凡士林保护。刮下的病组织必须彻底清理并及时烧毁。其次，使用 77% 硫酸铜钙可湿性粉剂 500 ～ 600 倍液、或 0.3%硫酸铜溶液浇灌病瘤周围土壤，对土壤消毒灭菌。

七、毛根病

【病　原】 发根野杆菌 [*Agrobacterium rhizogenes* (Riker et Al.) Conn.] ，属于细菌。病菌寄主范围很窄，仅苹果树上较常见。

【发病规律】 毛根病菌以细菌菌体在病树根部和土壤中越冬，病菌在土壤中可存活 1 年左右。近距离传播主要靠雨水及灌溉水的流动，土壤中的昆虫、线虫也有一定传播作用，但传播距离有限；远距离传播主要通过带菌苗木的调运。病菌从伤口侵染根部，在根皮内繁殖，并产生吲哚物质刺激根部，形成毛根。碱性土壤病重，土壤高湿有利于病菌侵染。

【防治技术】

1. 培育无病苗木　　不用老苗圃、老果园、尤其是发生过毛根病的地块作苗圃。在盐碱地块育苗时，应增施有机肥或酸性肥料，降低土壤 pH 值。雨季注意及时排水，防止土壤过度积水。

2. 苗木检验与消毒　　苗木调运或栽植前要进行严格检验，发现病苗必须淘汰并销毁，表面无病的苗木还要进行消毒处理。一般使用 1%硫酸铜溶液、或 77%硫酸铜钙可湿性粉剂 200 ～ 300 倍液浸根 3 ～ 5 分钟。

3. **病树治疗**　发现病树后，首先将病根彻底刮除，并将刮下的病根集中销毁，然后伤口涂抹石硫合剂、或硫酸链霉素、或硫酸铜钙进行保护。严重地块或果园，还可用 72%硫酸链霉素可溶性粉剂 3 000 ～ 4 000 倍液、或 77%硫酸铜钙可湿性粉剂 600 ～ 800 倍液、或 80%代森锌可湿性粉剂 500 ～ 600 倍液浇灌病树根际土壤，进行土壤消毒。

八、腐烂病

【病　原】苹果黑腐皮壳（*Valsa mali* Miyabe et Yamada），属于子囊菌亚门核菌纲球壳菌目；无性阶段为苹果壳囊孢（*Cytospora mandshurica* Miura），属于半知菌亚门腔孢纲球壳孢目。病斑上的小黑点即为病菌子座，该子座分为 2 种，一种是产生无性阶段分生孢子器的外子座，内部常有多个腔室，产生分生孢子及胶体物质，潮湿条件下其顶端溢出橘黄色丝状物（孢子角），即为"冒黄丝"现象，无性阶段的小黑点上冒出 1 条黄丝，较粗大。另一种是产生有性阶段子囊壳的内子座，内部常有多个子囊壳，每个子囊壳具有 1 个孔口，潮湿条件下每个孔口均可溢出黄丝，即有性阶段的小黑点上可冒出多条黄丝，均较细小。菌丝生长温度范围为 5℃ ～ 38℃，最适温度为 28℃ ～ 29℃。

【发病规律】腐烂病菌主要以菌丝、子座及孢子角在田间病株（病斑）及病残体上越冬，可以说是苹果树上的习居菌。病斑上的越冬病菌可产生大量病菌孢子（黄色丝状物），主要通过风雨传播，从各种伤口侵染危害，尤其是带有死亡或衰弱组织的伤口易受侵害，如剪口、锯口、虫伤、冻伤、日灼伤及愈合不良的伤口等。另外，病菌还可从枝干的皮孔及芽眼等部位侵染。病菌侵染后，当树势强壮时处于潜伏状态，病菌在无病枝干上潜伏的主要场所有落皮层、干枯的剪口、干枯的锯口、愈合不良的各种伤口、僵芽周围及虫伤、冻伤、枝干夹角等带有死亡或衰弱组织的部位。当树体抗病力降低时，潜伏病菌开始扩展危害，逐渐形成病斑。

在果园内，腐烂病发生每年有两个危害高峰期，即"春季高峰"和"秋季高峰"。春季高峰主要发生在萌芽至开花阶段，一般为3～4月份，该期内病斑扩展迅速，病组织较软，酒糟味浓烈，病斑典型，危害严重，病斑扩展量占全年的70%～80%，新病斑出现数占全年新病斑总数的60%～70%，是造成死枝、死树的重要危害时期。秋季高峰主要发生在果实迅速膨大期及花芽分化期，一般为7～9月份，相对春季高峰较小，病斑扩展量占全年的10%～20%，新病斑出现数占全年的20%～30%，但该期是病菌侵染落皮层的重要时期。另外，还有两个相对静止期，即5～6月份和10月份至翌年2月份。5～6月份的相对静止期病菌基本停止扩展，病斑干缩凹陷，表面逐渐产生小黑点；10月份至翌年2月份的相对静止期，从表面看病菌没有活动，但实际上病菌在树表皮下从外向内逐渐缓慢扩展，扩展至木质部后在树皮深层又缓慢向周围扩展，为春季高峰的发生奠定基础。

腐烂病菌是一种弱寄生菌，该病的发生轻重主要受7个方面因素影响。①树势：树势衰弱是诱发腐烂病的最重要因素之一，即一切可以消弱树势的因素均可加重腐烂病的发生，如树龄较大、结果量过多、发生冻害、早期落叶（病、虫）发生较重、速效化肥使用量偏多、土壤黏重或板结、枝干灼伤等。②落皮层：落皮层是病菌潜伏的主要场所，是造成枝干发病的重要桥梁。据调查，8月份以后枝干上出现的新病斑或坏死斑点80%以上来自于落皮层侵染，尤其是黏连于皮层的落皮层。所以落皮层的多少决定腐烂病的发生轻重。③局部增温：局部增温是形成春季发病高峰的重要条件，在春季高峰期内发生的新病斑80%～90%出现在树干的向阳面。据测定，晴天时树干向阳面的树皮温度（T）与气温（t）具有 T = 7.7 + 1.93t 的关系。也就是说当气温为0℃时，向阳面的树皮温度为7.7℃，超过腐烂病菌生长的温度下限（5℃）；当气温为10℃时，向阳面的树皮温度为27℃，基本接近病菌生长的最适温度（28℃～29℃）。另外，温度高时树皮呼吸强度高，消耗营养物质多，造成了向阳面的局部营养恶化，抗病力显著降低，因而诱发腐烂病严重发生。④伤口：伤口越多，发病越重，带有死亡或衰弱组织的伤口最易感染腐烂病菌，如干缩的剪口、干缩的锯口、冻害伤口、日灼伤口、落皮伤口、老病斑伤口、虫伤、病伤、机械伤等。⑤潜伏侵染：潜伏侵染是腐烂病的一个重要特征，树势衰弱时，潜伏侵染病菌是导致腐烂病暴发的主要因素。⑥木质部带菌：病斑下木质部及病斑皮层边缘外木质部的一定范围内均带有腐烂病菌，病斑下木质部带菌深度可达1.5厘米，这是导致病斑复发的主要原因。⑦树体含水量：初冬树体含水量高，易发生冻害，加重腐烂病发生；早春树体含水量高，抑制病斑扩展，可减轻腐烂病发生。

【防治技术】　腐烂病的防治以加强栽培管理、壮树防病为中心，以铲除树体潜伏病菌、搞好果园清洁为重点，结合及时治疗病斑、减少和保护伤口、促进树势恢复等为辅助。

1. 加强栽培管理，提高树体的抗病能力　这是防治腐烂病的最根本措施。①科学结果量：根据树龄、树势、土壤肥力、施肥水平、灌溉条件等合理调整结果量，使树体合理负担，做到没有明显大小年结果现象。②科学施肥：增施有机肥及农家肥，避免偏施氮肥，按比例使用氮、磷、钾、钙等速效化肥及中微量元素肥料。③科学灌水：秋后控制浇水，减少冻害发生；春季及时灌水，抑制春季高峰。④保叶促根：及时防治造成早期落叶的病虫害，提高光合效率，增加树体营养积累；注意防治根部病害，增施有机肥料，改良土壤，促进根系发育。

2. 铲除树体带菌，减少潜伏侵染 落皮层、皮下干斑及湿润坏死斑、病斑周围的干斑、树杈夹角皮下的褐色坏死点、各种伤口周围等，都是腐烂病菌潜伏的主要场所。及早铲除这些潜伏病菌，对控制腐烂病发生危害、尤其是春季发病高峰的发生效果显著。

（1）重刮皮 一般在5～7月份树体营养充分时进行，冬、春不太寒冷的地区春、秋两季也可刮除。但重刮皮有消弱树势的作用，肥水条件好、树势旺盛的果园比较适合，弱树不能进行；且刮皮前后要增施肥水，补充树体营养。刮皮方法：用锋利的刮皮刀将主干、主枝及大侧枝表面的粗皮刮干净，刮到树干"黄一块、绿一块"的程度，千万不要露白（木质部）；如若遇到坏死斑要彻底刮除，不管黄、绿、白。刮下的树皮组织要集中深埋或销毁，但刮皮后千万不要涂药，以免发生药害。5～7月份刮皮后一般1个月即可形成新的木栓层。重刮皮的防病作用有3个方面：一是刮除了多年积累的潜伏病菌及小病斑，减少了树体带菌；二是刺激树体的愈伤作用，增强了抗病能力；三是更新树皮，3～4年内不再形成落皮层，减少了病菌的潜伏基地。

（2）药剂铲除 重病果园或果区1年2～3次用药，即落叶后初冬和萌芽前各喷药1次，7～9月份主干、主枝涂药1次；轻病果园或果区只喷药1次即可，一般落叶后比萌芽前喷药效果较好（要选用渗透性强的药剂）。对腐烂病菌喷药铲除效果好的药剂有：30%戊唑·多菌灵悬浮剂400～600倍液、77%硫酸铜钙可湿性粉剂 200 ~ 300 倍液、60% 铜钙·多菌灵可湿性粉剂 300 ~ 400 倍液、45% 代森铵水剂 200 ~ 300 倍液、40% 氟硅唑乳油 800 ~ 1000 倍液等。喷药时，若在药液中加入渗透助剂如有机硅系列等，可显著提高对病菌的铲除效果。主干、主枝涂药时，一般选用 30% 戊唑·多菌灵悬浮剂 100 ~ 200 倍液、或 77% 硫酸铜钙可湿性粉剂 100 ~ 200 倍液、或 40% 氟硅唑乳油 400 ~ 500 倍液效果较好。

3. 及时治疗病斑 病斑治疗是避免死枝、死树的主要措施，目前生产上常用的治疗方法主要有刮治法、割治法和包泥法。病斑治疗的最佳时间为春季发病高峰期内，该阶段病斑既软又明显，易于操作；但总体而言，应立足于及时发现及时治疗，治早、治小。

（1）刮治 用锋利的刮刀将病变皮层彻底刮掉，且病斑边缘还要刮除 1 厘米左右的好组织，以确保彻底。技术关键为：刮彻底；刀口要整齐、光滑，不留毛茬，不拐急弯；刀口上面和侧面皮层边缘呈直角，下面皮层边缘呈斜面。刮后病组织集中销毁，而后病斑涂药，药剂边缘应超出病斑边缘 1.5 ~ 2 厘米，1 个月后再补涂 1 次。常用有效涂抹药剂有：2.12% 腐殖酸铜水剂原液、30% 戊唑·多菌灵悬浮剂 50 ~ 100 倍液、3% 甲基硫菌灵糊剂原药、21% 过氧乙酸水剂 3 ~ 5 倍液、甲托油膏 [70% 甲基硫菌灵可湿性粉剂：植物油 = 1 ：（15 ~ 20）] 及石硫合剂等。

（2）割治 即用切割病斑的方法进行治疗。先削去病斑周围表皮，找到病斑边缘，而后用刀沿边缘外 1 厘米处划一深达木质部的闭合刀口，然后在病斑上纵向切割，间距 0.5 厘米左右。切割后病斑涂药，但必须涂抹渗透性或内吸性较强的药剂，且药剂边缘应超出闭合刀口边缘 1.5 ~ 2 厘米，15 天左右后再涂抹 1 次。效果较好的药剂有上述的腐殖酸铜、过氧乙酸、戊唑·多菌灵、甲托油膏等。割治法的技术关键为：必须找到病斑边缘，切割刀

口要深达木质部，涂抹的药剂必须渗透性或内吸性好。（图49）

（3）包泥　在树下取土和泥，然后在病斑上涂3～5厘米厚一层，外围超出病斑边缘4～5厘米，最后用塑料布包扎并用绳索多圈捆紧即可。一般3～4个月后就可治好。包泥法的技术关键为：泥要黏，包要严，给病斑形成一个密闭的厌氧环境。

4. **及时桥接**　病斑治疗后及时桥接或脚接，促进树势恢复。病斑较大时多点桥接效果更好。

5. **树干涂白**　冬前树干涂白，防止发生冻害，降低春季树体局部增温效应，控制腐烂病春季高峰期的危害。效果较好的涂白剂配方为：桐油或酚醛：水玻璃：白土：水 = 1 :（2～3）:（2～3）:（3～5），先将前2种配成Ⅰ液，再将后2种配成Ⅱ液，然后将Ⅱ液倒入Ⅰ液中，边倒边搅拌，混合均匀即成。为了消灭在枝干上越冬的一些害虫（螨），在涂白剂中还可混加适量的石硫合剂等杀虫剂。树干涂白后，南面可降温9℃，西面降7.5℃，东面降3.8℃，北面降1℃，防病效果可达60%以上。

九、干 腐 病

【病　原】葡萄座腔菌 [*Botryosphaeria dothidea* (Mong.ex Fr.) Ces.et de Not.]，属于子囊菌亚门腔菌纲格孢腔菌目；无性阶段产生大茎点（*Macrophoma*）型和小穴壳（*Dothiorella*）型两种分生孢子器及分生孢子，均属于半知菌亚门腔孢纲球壳孢目。病斑上的小黑点多为病菌的分生孢子器，也混生有子囊壳，灰白色黏液为分生孢子或子囊孢子与一些胶体的混合物。

【发病规律】干腐病菌主要以菌丝体、分生孢子器及子囊壳在枝干病斑上及枯死枝上越冬，翌年产生大量病菌孢子（灰白色黏液），通过风雨传播，主要从伤口和皮孔侵染危害枝干及果实，在枝条上也能从枯芽侵染。该病菌属于弱寄生菌，病菌侵染后先在死亡组织上生存一段时间，而后再侵染活组织。弱树、弱枝受害重，干旱果园或干旱季节枝干病斑扩展较快而发病较重。管理粗放，土壤板结，有机质贫乏，地势低洼，肥水不足，偏施氮肥，结果量过多，伤口较多等均可加重干腐病的发生。

【防治技术】以加强栽培管理、增强树势、提高树体的抗病能力为基础，搞好果园卫生、铲除树体带菌为重点，结合以及时治疗较重的枝干病斑为辅助。

1. **加强栽培管理**　增施有机肥、微生物肥料及农家肥，科学施用氮、磷、钾肥及中微量元素肥料。干旱季节及时灌水，多雨季节注意排水。科学结果量，培强树势，提高树体抗病能力。冬前及时树干涂白，防止冻害和日灼。及时防治各种枝干害虫及造成早期落叶的病虫害。避免造成各种机械伤口，并对伤口涂药保护，防止病菌侵染。苗木定植时避免深栽，以嫁接口在地面以上为宜。

2. **铲除树体带菌**　结合修剪，彻底剪除枯死枝，集中销毁。发芽前喷施1次铲除性药剂，铲除或杀灭树体上的残余病菌。常用有效药剂有：30%戊唑·多菌灵悬浮剂400～600倍液、77%硫酸铜钙可湿性粉剂300～400倍液、60%铜钙·多菌灵可湿性粉剂300～400倍液、45%代森铵水剂200～300倍液等。喷药时，若在药液中混加有机硅类等渗透助剂，可显著提高杀菌效果。

3. **及时治疗病斑**　主干、主枝上的较重病斑应及时进行治疗，具体方法同"腐烂病"病斑治疗的"刮治"和"割治"方法。

十、银叶病

【病　原】紫色胶革菌 [*Chondrostereum purpureum*（Pers.ex

Fr.）Pougar]，属于担子菌亚门层菌纲非褶菌目，病死树枝干表面产生的淡紫色覆瓦状病菌结构即为病菌有性阶段的子实体，又称担子果，具有浓烈的腥味，其下表面着生子实层，产生担孢子。

【发病规律】 银叶病菌主要以菌丝体在病树枝干的木质部内越冬，也可以子实体在病树表面越冬。生长季节遇阴雨连绵时，子实体上产生病菌孢子，该孢子通过气流或雨水传播，从各种伤口（如剪口、锯口、破裂口及各种机械伤口等）侵入寄主组织。病菌侵染树体后，在木质部中生长蔓延，上下双向扩展，直至全株。病树 2～3 年即可全株枯死。据田间调查，病菌产生子实体一年中有 5～6 月份和 9～10 月份两个高峰。

春、秋两季，树体内富含营养物质，有利于病菌侵染。修剪不当，树体表面机械伤口多，利于病菌侵染。土壤黏重、排水不良、地下水位较高、树势衰弱等，均可加重银叶病的发生危害。一般果园内，大树易感染银叶病，幼树发病较轻。

【防治技术】

1. **加强果园管理** 增施农家肥等有机肥，改良土壤，雨季注意及时排水，培育壮树，提高树体抗病能力。根据树体状况合理结果量，并及时树立支棍，避免枝干劈裂。尽量减少对树体造成各种机械伤口，并及时涂药保护各种修剪伤口，促进伤口愈合。效果较好的保护药剂有：77%硫酸铜钙可湿性粉剂 50～100 倍液、2.12%腐殖酸铜水剂原液、1%硫酸铜溶液、5～10 波美度石硫合剂、45%石硫合剂晶体 10～20 倍液。

2. **搞好果园卫生** 及时铲除重病树及病死树，从树干基部锯除，并除掉根蘖苗，而后带到园外销毁。轻病树彻底锯除病枝，直到木质部颜色正常处为止。枝干表面发现病菌子实体时，彻底刮除，并将刮除的病菌组织集中烧毁或深埋，然后对伤口涂药消毒。有效药剂同上述。

3. **及时治疗轻病树**　轻病树可用树干埋施硫酸－8－羟基喹啉的方法进行治疗，早春治疗（树体水分上升时）效果较好。一般使用直径 1.5 厘米的钻孔器在树干上钻 3 厘米深的孔洞，将药剂塞入洞内，每孔塞入 1 克药剂，而后洞口用软木塞或宽胶带或泥土封好。用药点多少根据树体大小及病情轻重而定，树大点多、树小点少，病重点多、病轻点少。

十一、木腐病

【病　原】　木腐病可由多种病菌引起，均为弱寄生真菌。常见种类有：裂褶菌（*Schizophyllum commune* Fr.）、苹果木层孔菌（*Phellinus pomaceus*）、烟色多孔菌 [*Polyporus adustus*（Willd）Fr.]、多毛栓菌（*Trametes hispida* Bagl.）、特罗格粗毛栓菌（*T.gallica*）等，均属于担子菌亚门。病树表面产生的各种病菌结构均为病菌的有性子实体，其上均可产生并散出大量病菌孢子。

【发病规律】　各种木腐病菌均以多年生菌丝体和病菌子实体在病树及病残体上越冬，在树体木质部内扩展危害。条件适宜时子实体上产生病菌孢子，通过风雨或气流传播，从伤口侵染危害，特别是长期不能愈合的剪锯口。老树、弱树受害较重，管理粗放果园发病较多。

【防治技术】　加强栽培管理、壮树防病是基础，配合以促进伤口愈合、保护伤口等措施。

1. **加强栽培管理**　增施有机肥及农家肥，科学使用氮、磷、钾肥及中、微量元素肥料，合理调整结果量，培育壮树，提高树体抗病能力。

2. **避免与保护伤口**　注意防治蛀干害虫，避免造成虫伤。剪口、锯口等机械伤口及时进行保护，如涂药（有效药剂同"腐烂病"

病斑涂抹药剂）、刷漆、贴膜等，促进伤口愈合，防止病菌侵染。

3. 及时刮除病菌子实体 病树伤口处产生的病菌子实体要及时彻底刮除，并集中烧毁，消灭或减少园内病菌，并在伤口处涂药保护。有效药剂同上述。

十二、枝干轮纹病

【病　原】梨生囊壳孢（*Physalospora piricola* Nose），属于子囊菌亚门核菌纲球壳菌目；无性阶段为轮纹大茎点（*Macrophoma kawatsukai* Hara），属于半知菌亚门腔孢纲球壳孢目。自然界常见其无性阶段，有性阶段很少发生。病斑上的小黑点即为病菌的分生孢子器，内生大量分生孢子。病菌寄主范围很广，除危害苹果属果树外，还可侵害梨树、桃树、山楂、核桃、板栗、枣树、杏树、李树、柑橘等多种果树。苹果树上以富士系品种受害最重。

【发病规律】轮纹病菌主要以菌丝体、分生孢子器在枝干病斑上越冬，有时也可以子囊壳越冬，菌丝体在病组织中可存活 4～5 年。生长季节，小黑点上产生并溢出大量病菌孢子（灰白色黏液），以 6～8 月份散发量最大。主要通过风雨进行传播，传播距离一般不超过 10 米。主要从皮孔侵染危害。当年生病斑上一般不产生小黑点（分生孢子器）及病菌孢子，但衰弱枝上的病斑可产生小黑点（很难产生病菌孢子）。

老树、弱树及衰弱枝抗病力低，病害发生严重。有机肥使用量小、土壤有机质贫乏、氮肥施用量大的果园病害发生较重。管理粗放、土壤瘠薄的果园受害严重，枝干环剥可以加重该病的发生。夏季多雨潮湿有利于病菌的传播侵害。富士系苹果、元帅系苹果枝干轮纹病最重。

【防治技术】 以加强栽培管理、壮树防病为基础，适当刮除病瘤、铲除树体带菌为辅助。

1. 加强栽培管理，壮树防病 增施农家肥、粗肥等有机肥，按比例科学使用氮、磷、钾肥及中微量元素肥料。根据树势及施肥水平，科学结果量。加强修剪整形管理，尽量少环剥或不环剥。新梢停止生长后适时叶面喷肥（尿素300倍液＋磷酸二氢钾300倍液）。培强树势，提高树体抗病能力。

2. 刮治病瘤，消灭病菌 发芽前，刮治枝干病瘤，集中销毁病残组织。刮治轮纹病瘤时应轻刮，只把表面硬皮刮破即可（图90）。而后枝干涂药，杀灭残余病菌。效果较好的药剂为甲托油膏、30%戊唑·多菌灵悬浮剂150～200倍液、60%铜钙·多菌灵可湿性粉剂100～150倍液、40%氟硅唑乳油600～800倍液等。需要注意，甲基硫菌灵必须使用纯品，不能使用复配制剂，以免发生药害，导致死树；树势衰弱时，刮病瘤后不建议涂甲托油膏。

3. 喷药铲除残余病菌 发芽前，全园喷施1次铲除性药剂，铲除树体残余病菌，并保护枝干免遭病菌侵害。常用有效药剂有：30%戊唑·多菌灵悬浮剂400～600倍液、60%铜钙·多菌灵可湿性粉剂300～400倍液、77%硫酸铜钙可湿性粉剂300～400倍液、45%代森铵水剂200～300倍液等。喷药时，若在药液中混加有机硅类等渗透助剂，对铲除树体带菌效果更好；若刮除病斑后再喷药，铲除杀菌效果更佳。

十三、轮纹烂果病

【病 原】 主要病原菌为梨生囊壳孢（*Physalospora piricola* Nose），属于子囊菌亚门核菌纲球壳菌目；其无性阶段为轮纹大茎点霉（*Macrophoma kawatsukai* Hara），属于半知菌亚门腔孢纲球壳孢目。自然界常见其无性阶段，有性阶段很少发生。另外，引起苹果干腐病的葡萄座腔菌 [*Botryosphaeria dothidea* (Moug.ex Fr.) Ces.et de Net.] 的无性阶段大茎点（*Macrophoma*）型分生孢子，也是轮纹烂果病的一种重要病原。两种病菌造成的果实腐烂，仅从症状上很难区分。病果表面的小黑点均为病菌的分生孢子器。两种病菌除危害苹果外，还均可侵害梨、桃、杏、山楂、枣等多种水果。

【发病规律】 轮纹烂果病菌主要以菌丝体和分生孢子器在枝干病斑上越冬，各种枯死枝上的干腐病菌也是重要的越冬菌源。生长季节，枝干上的越冬病菌产生大量病菌孢子，通过风雨传播到果实上，主要从皮孔和气孔侵染危害。病菌一般从苹果落花后7～10天开始侵染，直到皮孔封闭后结束。晚熟品种如富士系苹果皮孔封闭一般在8月底或9月上旬，即晚熟品种上病菌侵染期可长达4个月。该病具有潜伏侵染现象，其侵染特点为：病菌幼果期开始侵染，侵染期很长，且均为初侵染；果实近成熟期开始发病，采收期严重发病，采收后继续发病；果实发病前病菌潜伏在皮孔（果点）内。

枝干上病菌数量的多少及枯死枝的多少是影响病害发生与否及轻重的基础，树势衰弱，枝干上病害严重，果园内菌量大，病害多发生严重；5～8月份的降雨情况是影响病害发生的决定因素，一般每次降雨后，都会形成1次病菌侵染高峰。另外，果园内枯死枝多，或用于开张角度的带皮支棍较多，病害也会发生较重。病菌在28℃～29℃时扩展最快，5天病果即可全烂；5℃以下扩展缓慢，0℃左右基本停止扩展。

【防治技术】 以搞好果园卫生、铲除树体带菌为基础，生长期保护果实不受病菌侵染为重点，辅助以及时急救和果实安全贮藏。

1. 搞好果园卫生，处理越冬菌源　结合修剪，彻底剪除树上各种枯死枝、破伤枝，发芽前及时刮除主干、主枝上的轮纹病瘤及干腐病斑，并将病残体集中销毁。树体开张角度不要使用修剪下来的带皮枝段作为支棍。枝干病害严重果园，刮病瘤后主干、主枝涂药，杀灭残余病菌，效果较好的药剂有甲托油膏、30%戊唑·多菌灵悬浮剂150～200倍液、60%铜钙·多菌灵可湿性粉剂100～150倍液、40%氟硅唑乳油600～800倍液等。发芽前，全园喷施1次30%戊唑·多菌灵悬浮剂400～600倍液、或60%铜钙·多菌灵可湿性粉剂300～400倍液、或77%硫酸铜钙可湿性粉剂300～400倍液、或45%代森铵水剂200～300倍液，铲除枝干残余病菌。

2. 喷药保护果实　从苹果落花后7～10天开始喷药，到果实套袋或果实皮孔封闭后（不套袋苹果）结束，不套袋苹果喷药时期一般为4月底或5月初至8月底或9月上旬。具体喷药时间需根据降雨情况而定，尽量在雨前喷药，雨多多喷，雨少少喷，无雨不喷，以选用耐雨水冲刷药剂效果最好。套袋苹果一般需喷药3～4次（落花后至套袋前），不套袋苹果一般需喷药8～12次。

根据苹果生长特点与生产优质苹果的要求，药剂防治可分为两个阶段（套袋苹果只有第一个阶段）。

第一阶段：落花后7～10天至套袋前或麦收前（约落花后6周）。该期是幼果敏感期，用药不当极易造成药害（果锈、果面粗糙等），因此必须选用优质安全有效药剂，10天左右喷药1次，需连喷3～4次。常用安全有效药剂有：30%戊唑·多菌灵悬浮剂1000～1200倍液、70%甲基硫菌灵可湿性粉剂或500克/升悬浮剂800～1000倍液、500克/升多菌灵悬浮剂800～1000倍液、10%苯醚甲环唑水分散粒剂1500～2000倍液、250克/升吡唑醚菌酯乳油2500～3000倍液、41%甲硫·戊唑醇悬浮剂800～1000

倍液、80%代森锰锌（全络合态）可湿性粉剂 800～1000 倍液、50%克菌丹可湿性粉剂 600～800 倍液及 50%多菌灵可湿性粉剂 600～800 倍液等。代森锰锌必须选用全络合态产品，多菌灵必须选择纯品制剂，以免造成药害。

第二阶段：麦收后（或落花后 6 周）至果实皮孔封闭。10～15 天喷药 1 次，该期一般应喷药 5～8 次。常用有效药剂除上述药剂外，还可选用 90%三乙膦酸铝可溶性粉剂 600～800 倍液、70%丙森锌可湿性粉剂 600～800 倍液、25%戊唑醇水乳剂 2000～2500 倍液、50%锰锌·多菌灵可湿性粉剂 600～800 倍液等。不建议使用铜制剂及波尔多液，以免造成药害或污染果面。

若雨前没能喷药，雨后应及时喷施治疗性杀菌剂加保护性药剂，并尽量使用较高浓度，以进行补救。

3. 烂果后"急救" 前期喷药不当后期开始烂果后，应及时喷用内吸性药剂进行"急救"，7 天左右 1 次，直到果实采收。效果较好的药剂或配方有：30%戊唑·多菌灵悬浮剂 600～800 倍液、41%甲硫·戊唑醇悬浮剂 600～800 倍液、70%甲基硫菌灵可湿性粉剂或 500 克／升悬浮剂 600～800 倍液＋90%三乙膦酸铝可溶性粉剂 600 倍液、430 克／升戊唑醇悬浮剂 3000～4000 倍液＋90%三乙膦酸铝可溶性粉剂 600 倍液等。应当指出，该"急救"措施只能控制病害暂时停止发生，并不能根除潜伏病菌。

4. 果实套袋 果实套袋是防止轮纹烂果病菌中后期侵染果实的最经济、最有效的无公害方法，果实套袋后可减少喷药 5～8 次。常用果袋有塑膜袋和纸袋两种，以纸袋生产出的苹果质量较好。需要注意，套袋前 5～7 天内必须喷施 1 次优质安全有效药剂；若套袋时间持续较长，则最好在开始套袋 5～7 天后加喷药剂 1 次。

5. 安全贮藏 低温贮藏，基本可以控制果实轮纹病的发生。在 0℃～2℃贮藏可以充分控制发病，5℃贮藏基本不发病。另外，药剂浸果、晾干后贮藏，既使在常温下也可显著降低果实发病。30%戊唑·多菌灵悬浮剂600～800倍液、70%甲基硫菌灵可湿性粉剂或500克／升悬浮剂500～600倍液＋90%三乙膦酸铝可溶性粉剂500倍液、25%戊唑醇水乳剂1 000～1 200倍液＋90%三乙膦酸铝可溶性粉剂500倍液浸果效果较好，一般浸果1～2分钟即可。

十四、炭疽病

【病　原】　围小丛壳[*Glomerella cingulata* (Stonem.) Schr. et Spauld.]，属于子囊菌亚门核菌纲球壳菌目，自然条件下其有性阶段很少发现，常见其无性阶段。无性阶段为胶孢炭疽菌[*Colletotrichum gloeosporioides* (Penz.) Sacc.]，属于半知菌亚门腔孢纲黑盘孢目。病斑上的小黑点即为病菌的分生孢子盘，粉红色黏液为病菌的分生孢子与胶体物的混合物。该病菌除侵害多种果树外，还可侵害刺槐。

【发病规律】　炭疽病菌主要以菌丝体在枯死枝、破伤枝、死果台及病僵果上越冬，也可在刺槐上越冬。翌年生长季节，越冬菌丝体形成分生孢子盘，并在潮湿条件下产生大量分生孢子成为初侵染源，主要通过风雨传播，从果实皮孔、伤口或直接侵入危害。条件适宜时，5～10小时即可完成侵入过程，潜育期一般为3～13天，但有时可长达40～50天甚至更久。病菌从幼果期至成果期均可侵染果实，但前期发生侵染的病菌由于幼果抗病力较强而处于潜伏状态，不能造成果实发病，待果实接近成熟期时抗病力降低后才导致发病。该病具有明显的潜伏侵染现象。近成熟果实发病后产生的分生孢子（粉红色黏液）经传播后可再次侵染危害果实，该病在田间有多次再侵染。

炭疽病的发生轻重，主要决定于越冬病菌数量的多少和果实生长期的降雨情况。在有越冬病源的前提下，降雨早且多时，有利于炭疽病菌的产生、传播与侵染，后期病害发生则较重。刺槐是炭疽病菌的重要寄主，果园周围种植刺槐，可加重该病的发生。另外，成熟期的冰雹对发病也有重要影响，冰雹后不套袋苹果的炭疽病常常发生较重。再有，果园通风透光不良，树势衰弱，树上有许多枯死枝条，也是炭疽病较重发生的重要影响因素。

　　【防治技术】

　　1. 搞好果园卫生，消灭越冬菌源　　结合修剪，彻底剪除枯死枝、破伤枝、死果台等枯死及衰弱组织，集中销毁。发芽前彻底清除果园内的病僵果，尤其是挂在树上的病僵果，必须集中深埋。生长期及时摘除树上病果，减少园内发病中心，防止扩散蔓延。发芽前，全园喷施1次铲除性药剂，铲除树上残余病菌，并注意喷洒刺槐防护林。效果较好的药剂有：30%戊唑·多菌灵悬浮剂400～600倍液、60%铜钙·多菌灵可湿性粉剂300～400倍液、77%硫酸铜钙可湿性粉剂300～400倍液、45%代森铵水剂200～300倍液等。

　　2. 加强栽培管理　　不要使用刺槐做果园防护林，若已种植刺槐，应尽量压低其树冠，并注意喷药铲除病菌。增施农家肥及有机肥，培强树势，提高树体抗病能力，减轻病菌对枯死枝、破伤枝等衰弱组织的危害，降低园内病菌数量。合理修剪，使树冠通风透光，降低园内湿度，创造不利于病害发生的环境条件。尽量果实套袋，这样不仅可以提高果品质量，降低果实农药残留，而且还可在套袋后阻止病菌侵染果实，减少喷药次数，可谓"一举多得"。

　　3. 生长期喷药防治　　喷药防治的关键是适时喷药和选用有效药剂。一般从落花后7～10天开始喷药，10～15天1次，连喷3次药后套袋；不套袋苹果则需连续喷药至采收前或降雨结束，并特别注意冰雹后及时喷药。具体喷药时间及喷药次数根据降雨情况决定，并尽量在雨前选择耐雨水冲刷药剂喷洒，雨多多喷，雨少少喷，无雨不喷。炭疽病的发生特点与轮纹烂果病相似，结合轮纹烂果病防治即可基本控制炭疽病的发生危害。对炭疽病防治效果好的药剂有：30%戊唑·多菌灵悬浮剂 1 000 ～ 1 200 倍液、41%甲硫·戊唑醇悬浮剂 800 ～ 1 000 倍液、70%甲基硫菌灵可湿性粉剂或 500 克／升悬浮剂 800 ～ 1 000 倍液、250 克／升吡唑醚菌酯乳油 2 500 ～ 3 000 倍液、500 克／升多菌灵悬浮剂或 50%多菌灵可湿性粉剂 600 ～ 800 倍液、45%咪鲜胺乳油 1 500 ～ 2 000 倍液、430 克／升戊唑醇悬浮剂 3 000 ～ 4 000 倍液、10%苯醚甲环唑水分散粒剂 1 500 ～ 2 000 倍液、80%代森锰锌（全络合态）可湿性粉剂 800 ～ 1 000 倍液、50%克菌丹可湿性粉剂 600 ～ 800 倍液、25%溴菌腈可湿性粉剂 600 ～ 800 倍液、90%三乙膦酸铝可溶性粉剂 600 ～ 800 倍液等。生产优质高档苹果的果园，幼果期或套袋前必须选用安全农药，以戊唑·多菌灵、甲硫·戊唑醇、甲基硫菌灵、吡唑醚菌酯、全络合态代森锰锌为最佳选择。用刺槐作防护林的果园，每次喷药均应连同刺槐一起喷洒。

4. 其他措施　有条件的果园，也可选用无毒高脂膜喷雾，在果面上形成一层防病脂膜，阻止病菌侵染（物理防治法）。一般使用 27% 高脂膜乳剂 200 倍液均匀喷雾，15 天左右 1 次。

十五、褐腐病

【病　原】果生链核盘菌 [*Monilinia fructigena* (Aderh.et Ruhl.) Honey] ，属于子囊菌亚门盘菌纲柔膜菌目；无性阶段为仁果褐腐丛梗孢（*Monilia fructigena* Pers.） ，属于半知菌亚门丝孢纲丝孢目。病果表面的灰白色霉丛为病菌的分生孢子梗和分生孢子。

【发病规律】 褐腐病菌主要以菌丝体在病僵果上越冬，翌年高温高湿条件下产生大量病菌孢子，通过风雨或气流传播，主要从伤口（虫伤、刺伤、碰伤、雹伤、裂伤等机械伤口）或皮孔侵染危害近成熟果实，潜育期 5～10 天。该病在果园内可有多次再侵染。

越冬病僵果的多少是影响该病发生轻重的主要因素，且果园内常有积累发病习性；苹果近成熟期多雨潮湿可促进病害发生，近成熟期的果实伤口多少是该病发生轻重的决定条件。另外，褐腐病菌的发育适温为 25℃，但其对温度适应性极强，0℃时仍可缓慢扩展，所以有时冷藏果实仍可大量发病。

【防治技术】

1. 搞好果园卫生 落叶后至发芽前，彻底清除树上、树下的病僵果，集中深埋或烧毁，清除越冬病菌。果实近成熟期，及时摘除树上病果、并捡拾落地病果，减少田间菌量，防止病菌的再传播侵染。

2. 加强果园管理 增施有机肥及磷、钙肥，避免因果实缺钙而造成伤口。注意果园浇水及排水，防止水分供应失调而造成裂果、形成伤口。尽量果实套袋，阻止褐腐病菌侵害果实。及时防治蛀果害虫并驱赶鸟类，避免造成果实虫伤及啄伤。

3. 适时喷药防治 往年褐腐病发生较重的不套袋果园，在果实近成熟期喷药保护，是防治该病发生的最有效措施，特别是暴风雨后喷药尤为重要。一般从采收前 1 个月（中熟品种）至 1.5 个月（晚熟品种）开始喷药，10～15 天 1 次，连喷 2 次即可有效控制褐腐病的发生危害。常用有效药剂有：30% 戊唑·多菌灵悬浮剂 1000～1200 倍液、41% 甲硫·戊唑醇悬浮剂 800～1000 倍液、70% 甲基硫菌灵可湿性粉剂或 500 克／升悬浮剂 800～1000 倍液、

10%苯醚甲环唑水分散粒剂 1 500 ～ 2 000 倍液、50%多菌灵可湿性粉剂 600 ～ 800 倍液、45%异菌脲悬浮剂 1 000 ～ 1 500 倍液、40%双胍三辛烷基苯磺酸盐可湿性粉剂 1 000 ～ 1500 倍液、50%腐霉利可湿性粉剂 1 000 ～ 1 500 倍液、40%嘧霉胺悬浮剂 1 000 ～ 1 200 倍液、75%异菌·多·锰锌可湿性粉剂 600 ～ 800 倍液、50%乙霉·多菌灵可湿性粉剂 800 ～ 1 200 倍液等。

4. 安全采收与贮运　精细采收，避免果实受伤；采收后严格挑选，尽量避免病、伤果入库。褐腐病严重果园的果实，最好用药剂浸果 1 ～ 2 分钟杀菌，待晾干后再包装、贮运。浸果药剂同树上喷药。

十六、霉 心 病

【病　原】　霉心病可由多种弱寄生性真菌引起，均属于半知菌亚门丝孢纲，单独侵染或混合侵染。较常见的种类有：粉红聚端孢霉 [*Trichothecium roseum* (Pers.) Link]、交链孢霉 [*Alternaria alternata* (Fr.) Keissler.]、头孢霉（*Cephalosporium* sp.）、串珠镰孢（*Fusarium moniliforme* Sheld.）、青霉（*Penicillium* sp.）等。心室内的霉状物即为病菌的菌丝体、分生孢子梗及分生孢子。

【发病规律】　霉心病菌在自然界广布存在，没有固定的越冬场所，可在许多基质上繁殖生存。主要通过气流传播，在苹果开花期通过柱头侵入。病菌侵染柱头后，通过萼筒逐渐向心室扩展，当病菌进入心室后而逐渐导致发病。霉心病发生轻重与花期湿度及品种关系密切，花期及花前阴雨潮湿病重，北斗及元帅系品种高感霉心病，富士系品种发病较轻。品种间的抗病性主要表现在抗侵入（心室）方面，萼筒封闭、萼心距大的品种抗病菌侵入（心室），病害发生轻；萼筒开放、萼心距小的品种易导致病菌侵入（心室），病害发生较重。病菌侵入心室后，品种间的抗病性差异不明显。另外，果园低洼、潮湿，树冠郁闭，树势衰弱，病害一般发生较重；采收后苹果常温贮藏，病害发生危害较重，且贮藏时间越长发病越重。

【防治技术】 霉心病的防治关键是花期喷药预防，加强果园管理可在一定程度上减轻病害发生，低温贮藏运输亦可在一定程度上控制果实发病。

1. **加强果园管理** 增施农家肥等有机肥，科学施用氮、磷、钾肥及中、微量元素肥料，培育壮树，提高树体抗病能力。结合修剪，及时并彻底剪除各种枯死枝，促使树冠通风透光，降低环境湿度。

2. **科学喷药预防** 根据栽培品种及往年苹果受害情况决定是否需要喷药，元帅系苹果一般均需喷药预防，往年采收期病果率达3%以上的果园尽量喷药预防。药剂防治是有效控制霉心病的主要措施，关键为喷药时间和有效药剂。初花期、落花70%～80%时是喷药关键期，一般果园或品种只在后一时期喷药1次即可，重病园或品种则需各喷药1次。常用有效药剂或配方为：30%戊唑·多菌灵悬浮剂800～1000倍液、41%甲硫·戊唑醇悬浮剂700～800倍液、1.5%多抗霉素可湿性粉剂200～300倍液、70%甲基硫菌灵可湿性粉剂或500克／升悬浮剂800～1000倍液＋80%代森锰锌（全络合态）可湿性粉剂600～800倍液等。花期用药必须选用安全药剂，以免发生药害。落花后喷药，对该病基本没有防治效果。

3. **低温贮藏运输** 果实采收后在1℃～3℃条件下贮藏运输，可基本控制病菌生长蔓延，避免采后心腐果形成。

十七、套袋果斑点病

【病　原】套袋果斑点病可由多种弱寄生性真菌引起，均属于半知菌亚门，较常见的种类有：粉红聚端孢霉 [*Trichothecium roseum* (Pers.) Link]、交链孢霉 [*Alternaria alternata* (Fr.) Keissler.]、点枝顶孢 (*Acremonium stictum* Gams) [异名：头孢霉 (*Cephalosporium* sp.)]、仁果柱盘孢霉 (*Cylindrosporium pomi* Brooks)。

【发病规律】套袋果斑点病可由多种弱寄生性真菌引起，病菌在自然界广泛存在，均属于果园内的习居菌。病菌孢子主要通过气流及风雨进行传播，主要从伤口侵染危害，如生理性创伤、药害伤等。病菌不能侵害不套袋果实。套袋后，由于袋内温、湿度的变化（温度高、湿度大）及果实抗病能力的降低（果皮幼嫩），而导致袋内果面上附着的病菌发生侵染，形成病斑，即病菌是在套袋时进入袋内的（套入袋内的）。套袋前阴雨潮湿，散落在果面上的病菌较多，病害发生较重；使用劣质果袋可以加重该病发生；有机肥及钙肥缺乏或使用量偏低也可加重病害发生；水分供应失衡，造成果实生长裂伤，有利于病菌发生侵染；套袋前药剂喷洒不当是导致该病发生的主要原因。该病发生侵染后，多从果实生长中后期开始表现症状，造成果品质量降低。

【防治技术】

1. **套袋前喷药预防**　套袋果斑点病的防治关键为套袋前喷洒优质高效药剂，即套袋前 5 ～ 7 天以内幼果表面应保证有药剂保护，以避免将病菌套入袋内。同时，为避免用药不当对幼果造成药害，套袋前必须选用安全有效农药。防病效果好且使用安全的药剂有：30% 戊唑·多菌灵悬浮剂 800 ～ 1 000 倍液、41% 甲硫·戊唑醇悬浮剂 800～1000 倍液、250 克/升吡唑醚菌酯 2000～2500 倍液、70％甲基硫菌灵可湿性粉剂或 500 克/升悬浮剂 800～1000 倍液＋80％代森锰锌（全络合态）可湿性粉剂 800～1000 倍液、70％甲基硫菌灵可湿性粉剂或 500 克/升悬浮剂 800～1000 倍液＋50％克菌丹可湿性粉剂 600～800 倍液、500 克/升多菌灵（纯品）悬浮剂 600～800 倍液＋80％代森锰锌（全络合态）可湿性粉剂 800～1000 倍液、3％多抗霉素可湿性粉剂 400～500 倍液等。

2. 加强果园管理 增施农家肥等有机肥，改良土壤，提高土壤蓄水保肥能力；适量使用速效钙肥，提高果实抗病性能，预防果皮生长裂伤。选择透气性强、遮光好、耐老化的优质果袋，并适时果实套袋。

十八、疫腐病

【病　原】 恶疫霉 [*Phytophthora cactorum* (Leb.et Cohn.) Schrot.]，属于鞭毛菌亚门卵菌纲霜霉目。病部产生的白色绵毛状物即为病菌的菌丝体、孢囊梗和孢囊孢子。病菌生长发育温度为 10℃～30℃，最适温度为 25℃。

【发病规律】 疫腐病菌主要以卵孢子及厚垣孢子在土壤中越冬，也可以菌丝体随病残组织越冬。生长季节遇降雨或灌溉时，产生病菌孢子，随雨水流淌、雨滴飞溅及流水进行传播危害。果实整个生长期均可受害，但以中后期果实受害较多，近地面果实受害较重，尤以距地面 60 厘米以内的果实受害最多。阴雨潮湿是影响该病发生的制约条件，多雨年份发病重、地势低洼、果园杂草丛生、树冠下层枝条郁闭等高湿环境易诱发果实受害。树干基部积水并有伤口时，容易导致根颈部受害。

【防治技术】

1. 加强果园管理　注意果园排水，及时中耕除草，疏除过密枝条及下垂枝，降低园内小气候湿度。及时回缩下垂枝，提高结果部位。树冠下铺草或覆盖地膜或果园生草栽培，可有效防止病菌向上传播，减少果实受害。尽量果实套袋，阻止病菌接触及侵染果实。及时清除树上及地面的病果、病叶，避免病害扩大蔓延。树干基部适当培土，防止树干基部积水，可基本避免根颈部受害。果园内不要种植茄果类蔬菜，避免病菌相互传播、加重发病。

2. 适当喷药保护果实　往年果实受害较重的果园，如果没有果实套袋，则从雨季到来前开始喷药保护果实，10～15天1次，连喷2～4次。重点喷洒下部果实及叶片，并注意喷洒树下地面。效果较好的药剂有：80%代森锰锌（全络合态）可湿性粉剂600～800倍液、50%克菌丹可湿性粉剂600～800倍液、77%硫酸铜钙可湿性粉剂600～800倍液、90%三乙膦酸铝可溶性粉剂600～800倍液、50%烯酰吗啉水分散粒剂1 500～2 000倍液、72%甲霜·锰锌可湿性粉剂600～800倍液、72%霜脲·锰锌可湿性粉剂600～800倍液、60%氟吗·锰锌可湿性粉剂600～800倍液及69%烯酰·锰锌可湿性粉剂600～800倍液等。

3. 及时治疗根颈部病斑　发现病树后，及时扒土晾晒并刮除已腐烂变色的皮层，而后喷淋药剂保护伤口，并消毒树干周边土壤。效果较好的药剂有：77%硫酸铜钙可湿性粉剂400～500倍液、50%克菌丹可湿性粉剂400～500倍液、90%三乙膦酸铝可溶性粉剂400～500倍液、72%霜脲·锰锌可湿性粉剂400～600倍液等。同时，刮下的病组织要彻底收集并烧毁，严禁埋于地下。扒土晾晒后要用无病新土覆盖，覆土应略高于地面，避免根颈部积水。根颈部病斑较大时，应及时桥接，促进树势恢复。

十九、煤污病

【病　原】 仁果黏壳孢 [*Gloeodes pomigena* (Schw.) Colby]，属于半知菌亚门腔孢纲球壳孢目。表面的煤烟状污斑即为病菌的菌丝体与类似厚垣孢子。

【发病规律】 煤污病菌主要以菌丝体和类似厚垣孢子在枝、芽、果台、树皮等处越冬，通过气流或风雨传播到果实及叶片表面，以表面营养物为基质进行附生，不侵入果实或叶片内部。果实生长中后期，多雨年份或低洼潮湿、树冠郁闭、通风透光不良、雾大露重的果园，果实容易受害。在高湿环境下，果实表面的分泌物不易干燥，而易诱发病菌以此为营养进行附生。叶片受害，多发生在蚜虫或蚧壳虫为害严重的果园，病菌以害虫蜜露为营养基质。

【防治技术】

1. **加强果园管理**　合理修剪，改善树体通风透光条件，雨季及时排除积水，注意中耕除草，降低果园内湿度，创造不利于病害发生的环境条件。实施果实套袋，有效阻断病菌在果实表面的附生。及时防治蚜虫、介壳虫等刺吸式口器害虫的危害，避免污染叶片，治虫防病。

2. **不套袋果适时喷药防治**　多雨年份及地势低洼、容易出现雾露环境的不套袋果园，果实生长中后期及时喷药保护果实，10～15天1次，连喷2次左右即可有效防治煤污病危害果实。效果较好的有效药剂有：50%克菌丹可湿性粉剂600～800倍液、80%代森锰锌（全络合态）可湿性粉剂800～1000倍液、30%戊唑·多菌灵悬浮剂800～1000倍液、41%甲硫·戊唑醇悬浮剂800～1000倍液、70%甲基硫菌灵可湿性粉剂或500克／升悬浮剂800～1000倍液、

430 克／升戊唑醇悬浮剂 3 000～4 000 倍液、10% 苯醚甲环唑水分散粒剂 1 500～2 000 倍液等。

二十、蝇粪病

【病　原】仁果细盾霉 [*Leptothyrium pomi* (Mont.et Fr.) Sacc.]，属于半知菌亚门腔孢纲球壳孢目，病斑表面的小黑点即为病菌的分生孢子器。

【发病规律】蝇粪病菌主要以菌丝体和分生孢子器在枝、芽、果台、树皮等处越冬，翌年多雨潮湿季节产生分生孢子，通过风雨传播到果面上，以果面分泌物为营养进行附生，不侵入果实内部。果实生长中后期，多雨潮湿、雾大露重、树冠郁闭、通风透光不良的不套袋果园容易受害。在高湿环境下，果实表面的分泌物不易干燥，而诱发病菌以此为营养进行附生生长，导致果实受害。

【防治技术】以加强果园管理、降低环境湿度、实施果实套袋为基础，适当喷药保护果实为辅助，即可有效控制该病的发生危害。具体措施同"煤污病"防控技术。

二十一、链格孢果腐病

【病　原】链格孢霉（*Alternaria* spp.），属于半知菌亚门丝孢纲丝孢目，病斑表面的霉状物即为病菌的菌丝体、分生孢子梗及分生孢子。病菌较耐低温，在冷藏条件下仍可导致发病及病斑扩展。

【发病规律】链格孢果腐病菌是一类弱寄生性真菌，在自然界广泛存在，没有固定的越冬场所。条件适宜时产生大量分生孢子，主要借助气流传播，从伤口侵染危害果实，自然生长裂口、生理性病害伤、机械伤等均可诱使该病的发生。套袋果实受害较多，果实药害、土壤缺钙、水分供应失调、多雨潮湿、树冠郁闭等常可加重病害发生。

【防治技术】 链格孢果腐病不需单独进行防治,通过加强栽培管理和搞好其他病虫害防治(特别是套袋果斑点病)即可有效预防该病的发生危害。

加强肥水管理,增施农家肥等有机肥及速效钙肥,适时给果园浇水,避免果实生长伤口及生理性病害发生。合理修剪,促使树体通风透光,降低环境湿度。套袋苹果套袋前喷洒优质安全杀菌剂(详见"套袋果斑点病"防治技术部分),防止果实套袋后受害。

二十二、红 粉 病

【病 原】 粉红聚端孢霉 [*Trichothecium roseum* (Pers.) Link] ,属于半知菌亚门丝孢纲丝孢目。病斑表面的淡粉红色霉状物(霉层)即为病菌的分生孢子梗和分生孢子。

【发病规律】 红粉病菌是一种弱寄生性真菌,在自然界广泛生存,苹果树的枝干、枝条、果台、僵果等部位表面均有可能存在。分生孢子主要通过气流传播,从果实伤口及死亡组织侵染,进而扩展形成病斑。一切造成果实受伤的因素均可导致该病发生,如自然裂伤、生理性病害伤、病虫害伤口等。多雨潮湿、树冠郁闭、管理粗放的果园,病害常发生较重。

【防治技术】 红粉病无须单独进行防治,通过加强栽培管理和搞好其他病虫害防治即可兼防。

增施农家肥等有机肥,按比例使用氮、磷、钾肥及中微量元素肥料,适当增施钙肥。雨季注意排水,干旱季节及时灌水,避免果实生长伤口。及时防治果实病虫害,防止果实受伤。推广果实套袋,实施套袋前喷洒优质药剂。合理修剪,使树体通风透光,降低环境湿度，创造不利于病害发生的环境条件。精细采收、包装，避免病、虫、伤果进入贮运环节。

二十三、黑点病

【病　原】　苹果斑点球腔菌 [*Mycosphaerella pomi* (Pass.) Walton et Orton]，属于子囊菌亚门腔菌纲座囊菌目；无性阶段为苹果斑点柱孢霉（*Cylindrosporium pomi* Brooks），属于半知菌亚门腔孢纲黑盘孢目。病斑上的小黑点多为病菌无性阶段的子座及分生孢子盘。

【发病规律】　黑点病菌主要以菌丝体、子座和分生孢子盘在病僵果上越冬，翌年条件适宜时越冬病菌产生分生孢子，借助风雨传播，主要从皮孔侵染危害。苹果落花后 10～30 天易受侵染，潜育期 40～50 天，一般年份 7 月上中旬开始逐渐发病。苹果落花后多雨潮湿有利于病害发生，管理粗放果园一般受害较重。

【防治技术】

1. **加强果园管理**　苹果发病后至翌年发芽前，及时清除并捡拾落地病僵果，集中深埋或销毁，消灭病菌越冬场所。合理修剪，促使园内通风透光，降低环境湿度。尽量实施果实套袋，阻止病菌侵害果实。

2. **适当喷药防治**　黑点病多为零星发生，一般果园不需单独喷药防治，个别往年病害发生较重果园，可在苹果落花后 10～15 天和 20～25 天各喷药 1 次即可，并尽量选用优质安全有效药剂，如：30%戊唑·多菌灵悬浮剂 1 000～1 200 倍液、41%甲硫·戊唑醇悬浮剂 800～1 000 倍液、70%甲基硫菌灵可湿性粉剂或 500 克／升悬浮剂 800～1 000 倍液、10%苯醚甲环唑水分散粒剂 1 500～2 000 倍液、80%代森锰锌（全络合态）可湿性粉剂 800～1 000

倍液及 50% 克菌丹可湿性粉剂 600～800 倍液等。

二十四、黑 腐 病

【病　原】　仁果囊壳孢 [*Physalospora obtusa* (Schw.) Cooke]，属于子囊菌亚门核菌纲球壳菌目；无性阶段为仁果球壳孢霉（*Sphaeropsis malorum* Peck），属于半知菌亚门腔孢纲球壳孢目。病斑表面的小黑点即为病菌的分生孢子器，内生大量分生孢子。

【发病规律】　黑腐病菌主要以菌丝体和分生孢子器在枝条病斑、病僵果及落叶上越冬，翌年条件适宜时产生并释放出分生孢子，通过风雨传播，从伤口（枝梢、果实）和气孔（果实、叶片）侵染危害。树势衰弱枝条受害较重，近成熟期果实容易受害，成龄叶片受害较重；多雨潮湿常导致病害较重发生。

【防治技术】

1. **加强果园管理**　增施农家肥等有机肥，按比例使用氮、磷、钾肥及中、微量元素肥料，培育壮树，提高树体抗病能力。精细修剪，并彻底剪除病伤枝，促使树体通风透光。发芽前，先树上后树下彻底清除枯枝、落叶、病僵果，集中深埋或销毁。尽量实施果实套袋，阻止病菌侵害果实。

2. **适当喷药防治**　黑腐病多为零星发生，一般果园不需单独喷药防治，结合轮纹烂果病防治即可有效控制该病的发生危害。具体措施详见"轮纹烂果病"防治技术。

二十五、灰 霉 病

【病　原】　灰葡萄孢（*Botrytis cinerea* Pers.ex Fr.），属于半

知菌亚门丝孢纲丝孢目，病斑表面的鼠灰色霉状物即为病菌的分生孢子梗和分生孢子。该病菌寄主范围非常广泛，除可危害多种水果外，还可侵害番茄、辣椒、瓜类等多种瓜果蔬菜及园艺植物。

【发病规律】 灰霉病菌是一种弱寄生性真菌，其寄主及生存范围非常广泛，在自然界广泛存在。分生孢子借助气流传播，主要从伤口、衰弱或死亡组织进行侵染，进而扩展危害。果实受害的主要诱因是果实伤口，特别是鸟害啄伤、虫伤、不易愈合的机械伤及生长裂伤等；高温高湿可以加重病害的发生，但在低温环境下病菌仍可缓慢生长。另外，贮运期病、健果的接触亦可导致病害扩散蔓延，并可造成大批烂果。

【防治技术】

1. **防止果实受伤** 加强栽培管理，增施农家肥等有机肥及磷钙肥，干旱季节及时灌水，培强树势，促进果实伤口愈合。实施果实套袋，并注意防治危害果实的害虫。果实近成熟期后设置防鸟网，控制鸟类对果实的啄伤危害。

2. **安全贮运** 包装贮运前仔细挑选，彻底剔除病虫伤果，并最好采用单果隔离包装。1℃～3℃低温贮运，可在一定程度上控制灰霉病在贮运期的发生危害。

二十六、青 霉 病

【病 原】 主要为扩展青霉 [*Penicillium expansum* (Link) Thom] 和意大利青霉 (*P.italicum* Wehmer)，均属于半知菌亚门丝孢纲丝孢目。病斑表面的灰绿色及青绿色霉状物即为病菌的分生孢子梗和分生孢子。

【发病规律】 青霉病菌是一类弱寄生性真菌，可在多种基质上生存，无特定越冬场所。分生孢子通过气流进行传播，主要从各种机械伤口（碰伤、挤压伤、刺伤、虫伤、雹伤等）侵染危害，病健果接触也可直接侵染。破伤果多少是影响病害发生轻重的主要因素，无伤果实很少发病。高温、高湿条件有利于病害发生，但病菌耐低温，0℃时仍能缓慢发展。

【防治技术】

1. **防止果实受伤**　这是预防青霉病发生的最根本措施。生长期注意防治蛀果害虫及鸟害；采收时合理操作，避免造成人为损伤；包装贮运前严格挑选，彻底剔除病、虫、伤果。

2. **改善贮藏条件**　贮果前进行场所消毒，清除环境中病菌。尽量采用单果隔离包装，防止贮运环境中的病害扩散蔓延。有条件的尽量采用气调贮藏及低温贮藏，以减轻病害发生。

3. **药剂处理**　包装贮运前果实消毒，能显著减轻贮运期的青霉烂果。一般使用500克／升抑霉唑乳油1 000～1 500倍液、或450克／升咪鲜胺乳油1 000～1 500倍液浸果，浸泡1～2分钟后捞出、晾干，而后包装贮运。

二十七、果柄基腐病

【病　原】　果柄基腐病可由多种弱寄生性真菌引起，常见种类有链格孢霉（*Alternaria* spp.）、小穴壳菌（*Nectriella* sp.）、束梗孢霉（*Cephalotrichum* sp.）等。

【发病规律】　果柄基腐病菌都属弱寄生性真菌，在自然环境中广泛生存，主要危害近成熟期乃至贮藏运输期的果实，造成果实从果柄基部开始腐烂。病菌孢子主要通过气流传播，从伤口侵染危害，特别是采收及采后摇动果柄造成的伤口最为重要。贮运期果柄失水干枯，常加重病害发生。

【防治技术】　果柄基腐病的防控关键是避免果柄摇动造成的

果实受伤，即在苹果采收和采后包装时要轻拿轻放。二是为加强肥水管理，避免果实梗洼生长裂伤。三是包装贮运时要仔细挑选，彻底剔除病、虫、伤果。四是最好采取低温贮运，1℃～3℃贮运基本可以控制病害发生。

二十八、泡斑病

【病　　原】　丁香假单胞杆菌 [*Pseudomonas syringae* pv.*papulans*（Rose）Dhanvantari]，属于革兰氏阴性细菌。

【发病规律】　泡斑病菌主要在芽、叶痕及落地病果中越冬，生长季节依附于叶、果或杂草上存活，通过风雨传播，从气孔或皮孔侵染果实。果实受害，多从落花后 15 天左右开始，皮孔形成木栓组织后基本结束。幼果期多雨潮湿年份及雾大露重果园病害发生严重。

【防治技术】　泡斑病以药剂防治为主。一般从落花后半月左右开始喷药，10 天左右 1 次，连喷 2～3 次即可有效控制该病的发生危害。效果较好的有效药剂有：72%硫酸链霉素可溶性粉剂3 000～4 000 倍液、90%新植霉素可溶性粉剂 3 000～4 000 倍液、50%喹啉铜可湿性粉剂 800～1 000 倍液、20%噻菌铜悬浮剂 500～600 倍液、20%叶枯唑可湿性粉剂 1 000～1 500 倍液等；也可喷施 77%硫酸铜钙可湿性粉剂 1 000～1 200 倍液，但该药在有些品种上可能会引起果锈。往年病害发生较重的果园，可在萌芽前喷施 1 次 77%硫酸铜钙可湿性粉剂 300～400 倍液进行清园。

二十九、花腐病

【病原】 苹果链核盘菌 [*Monilinia mali* (Takahashi) Wetzel]，属于子囊菌亚门盘菌纲柔膜菌目；无性阶段为丛梗孢霉 (*Monilia* sp.)，属于半知菌亚门丝孢纲丝孢目。灰白色霉状物为病菌的无性阶段分生孢子梗和分生孢子。有性阶段先形成菌核，菌核萌发后产生子囊盘，子囊盘内产生并释放出子囊孢子。

【发病规律】 花腐病菌主要以菌丝体形成菌核在病果、病叶及病枝上越冬，其中病果最重要。翌年春天，条件适宜时菌核萌发形成子囊盘，并释放出子囊孢子，通过气流传播，侵染危害花和叶片，引起花腐、叶腐。病花、病叶上产生的分生孢子侵染柱头，引起果腐。在嫩叶和花上的潜育期为 6～7 天，幼果上的潜育期为 9～10 天。苹果萌芽展叶期多雨低温是花腐病发生的主要条件；花期若遇低温多雨，花期延长，则幼果受害加重。海拔较高的山地果园、土壤黏重果园、排水不良果园、通风透光不良果园均有利于病害发生。

【防治技术】

1. **搞好果园卫生，消灭越冬菌源** 落叶后至芽萌动前，彻底清除树上、树下的病叶、病僵果及病枯枝，集中深埋或带到园外烧毁。早春进行果园深翻，掩埋残余病残体。往年病害严重果园，在苹果萌芽期地面喷洒 1 次 30% 戊唑·多菌灵悬浮剂 600～800 倍液、或 77% 硫酸铜钙可湿性粉剂 400～500 倍液、或 60% 铜钙·多菌灵可湿性粉剂 400～500 倍液、或 3～5 波美度石硫合剂，防止越冬病菌产生孢子。另外，结合疏花、疏果，及时摘除病叶、病花、病果，集中销毁，减轻田间再侵染危害。

2. **生长期喷药防治** 往年花腐病发生严重的果园，分别在萌芽期、初花期和盛花末期各喷药1次，即可有效防治该病的发生危害；受害较轻果园，只在初花期喷药1次即可。效果较好的有效药剂有：30%戊唑·多菌灵悬浮剂1000～1200倍液、45%异菌脲悬浮剂或50%可湿性粉剂1000～1500倍液、70%甲基硫菌灵可湿性粉剂或500克／升悬浮剂800～1000倍液、50%克菌丹可湿性粉剂600～800倍液、10%苯醚甲环唑水分散粒剂1500～2000倍液、75%异菌·多·锰锌可湿性粉剂600～800倍液、50%乙霉·多菌灵可湿性粉剂1000～1200倍液、50%腐霉利可湿性粉剂1000～1500倍液、40%嘧霉胺悬浮剂1000～1500倍液等。

3. 其他措施　花期人工辅助授粉，对减轻幼果受害具有显著的预防效果。

三十、褐斑病

【病　原】苹果盘二孢 [*Marssonina mali* (P.Henn) Ito] ，属于半知菌亚门腔孢纲黑盘孢目，病斑上的小黑点即为病菌的分生孢子盘，其上产生大量分生孢子。

【发病规律】褐斑病菌主要以菌丝体和分生孢子盘在病落叶上越冬。翌年潮湿环境时越冬病菌产生大量分生孢子，通过风雨（雨滴反溅最为重要）进行传播，直接侵染叶片危害。树冠下部和内膛叶片最先发病，而后逐渐向上及外围蔓延。该病潜育期短，一般为6～12天（随气温升高潜育期缩短），在果园内有多次再侵染，流行性很强。从病菌侵染到引起落叶一般为13～55天。

褐斑病发生轻重，主要取决于降雨，尤其是5～6月份的降雨情况，雨多、雨早病重，干旱年份病轻。5～6月份的降雨主要影响越冬病菌向上传播侵染叶片（初侵染），若此期干旱无雨，即使 7、8 月份雨水较多，褐斑病也不能较重发生，因进入 7 月份后越冬病菌逐渐死亡，而后期病害发生轻重主要取决于初侵染的情况。另外，弱树、弱枝病重，壮树病轻；树冠郁闭病重，通风透光病轻；管理粗放果园病害发生早而重。多数苹果产区，6 月上中旬开始发病，7～9 月份为发病盛期。降雨多、防治不及时时，7 月中下旬即开始落叶，8 月中旬即可落去大半，8 月下旬至 9 月初叶片落光，导致树体发二次芽、长二次叶。

【防治技术】 褐斑病防治以彻底清除落叶、消灭越冬菌源为中心，加强栽培管理、促进果园通风透光、增强树势为基础，早期及时合理喷药防治为重点。

1. **搞好果园卫生，消灭越冬菌源** 落叶后至发芽前，先树上、后树下彻底清除落叶，集中深埋或销毁，并在发芽前翻耕果园土壤，促进残碎病叶腐烂分解，铲除病菌越冬场所。

2. **加强栽培管理** 增施农家肥等有机肥，按比例使用氮、磷、钾肥及中微量元素肥料，合理结果量，促使树势健壮，提高树体抗病能力。科学修剪，特别是及时进行夏剪，使树体及果园通风透光，降低园内湿度，创造不利于病害发生的生态环境。土壤黏重或地下水位高的果园要注意排水，保持适宜的土壤湿度。

3. **及时喷药防治** 药剂防治的关键是首次喷药时间，应掌握在历年发病前 10 天左右开始喷药。第一次喷药一般应在 5 月底至 6 月上旬进行，以后每 10～15 天喷药 1 次，一般年份需喷药 4～5 次。对于套袋苹果，一般为套袋前喷药 1 次，套袋后喷药 3～4 次。具体喷药时间及次数应根据降雨情况灵活掌握，雨多多喷、雨少少喷，多雨年份或地区还要增喷 1～2 次。效果较好的内吸治疗性杀菌剂有：30% 戊唑·多菌灵悬浮剂 1 000～1 200 倍液、41% 甲硫·戊唑醇悬浮剂 800～1 000 倍液、70% 甲基硫菌灵可湿性粉剂或 500 克／升悬浮剂 800～1 000 倍液、

430克／升戊唑醇悬浮剂3 000～4 000倍液、10%苯醚甲环唑水分散粒剂1 500～2 000倍液、10%己唑醇乳油或悬浮剂2 000～2 500倍液、500克／升多菌灵悬浮剂或50%可湿性粉剂600～800倍液、60%铜钙·多菌灵可湿性粉剂600～800倍液等；效果较好的保护性杀菌剂有：80%代森锰锌（全络合态）可湿性粉剂800～1 000倍液、50%克菌丹可湿性粉剂600～800倍液、77%硫酸铜钙可湿性粉剂600～800倍液及1∶(2～3)∶(200～240)倍波尔多液等。具体喷药时，第一次药建议选用内吸治疗性药剂，以后保护性药剂与内吸治疗性药剂交替使用。硫酸铜钙、铜钙·多菌灵、波尔多液均属铜素杀菌剂，防治褐斑病效果好，但不宜在没有全套袋的苹果上使用(适用于全套袋苹果全套袋后喷施)，否则在连阴雨时可能会出现果实药害。硫酸铜钙相当于工业化生产的波尔多粉，喷施后不污染叶片、果面，并可与不含金属离子的非碱性药剂混合喷雾，使用方便。

喷药时尽量掌握在雨前进行，并必须选用耐雨水冲刷药剂，且喷药应均匀、周到，特别要喷洒到树冠内膛及中下部叶片。

三十一、斑点落叶病

【病　原】　苹果链格孢霉强毒株系（*Alternaria mali* A Roberts），属于半知菌亚门丝孢纲丝孢目。病斑表面产生的墨绿色至黑色霉状物即为病菌的分生孢子梗和分生孢子。

【发病规律】　斑点落叶病菌主要以菌丝体在落叶和枝条上越冬，翌年条件适宜时产生分生孢子，通过气流及风雨传播，直接或从气孔进行侵染，幼嫩叶片容易受害。该病潜育期很短，侵染1～2天后即可发病，再侵染次数多，流行性很强。病菌对苹果叶片具有很强的致病力，叶片上有3～5个病斑时即可导致病叶脱落。每年有春梢期（5月初至6月中旬）和秋梢期（8～9月份）2个危害高峰，防治不当时有可能造成2次大量落叶，但以秋梢期发生危害更重。

斑点落叶病的发生轻重主要与降雨和品种关系密切，高温多雨时有利于病害发生，春季干旱年份病害始发期推迟，夏、秋季降雨多发病重。另外，有黄叶病的叶片容易受害。元帅系品种最易感病，有些沿海地区富士系品种也容易受害。此外，树势衰弱、通风透光不良、地势低洼、地下水位高、枝细叶嫩及沿海地区等均易发病。

【防治技术】 斑点落叶病的防控关键是在搞好果园管理的基础上立足于早期药剂防治。春梢期防治病菌侵染、减少园内菌量，秋梢期防治病害扩散蔓延、避免造成早期落叶。

1. **加强果园管理** 结合冬剪，彻底剪除病枝。落叶后至发芽前彻底清除落叶，集中烧毁，消灭病菌越冬场所。合理修剪，及时剪除夏季徒长枝，使树冠通风透光，降低园内环境湿度。地势低洼、水位高的果园注意及时排水。增施农家肥等有机肥及中、微量元素肥料，培强树势，提高树体抗病能力。往年有黄叶病发生的果园，一方面结合施用有机肥科学混施铁肥，另一方面在新梢生长期适当喷施速效铁肥。

2. **科学药剂防治** 药剂防治是有效控制斑点落叶病发生危害的主要措施。关键要抓住2个危害高峰：春梢期从落花后即开始喷药（严重地区花序呈铃铛球期喷第一次药），10天左右1次，需喷药3次左右；秋梢期根据降雨情况在雨季及时喷药保护，一般喷药2次左右即可控制该病危害（元帅系品种需喷药2～3次）。常用有效药剂有：10%多抗霉素可湿性粉剂1 000～1 500倍液、1.5%多抗霉素可湿性粉剂300～400倍液、30%戊唑·多菌灵悬浮剂800～1 000倍液、41%甲硫·戊唑醇悬浮剂800～1 000倍液、250克／升吡唑醚菌酯乳油2 500～3 000倍液、430克／升戊唑醇悬浮剂3 000～4 000倍液、80%代森锰锌（全络合态）可湿性粉剂800～1 000倍液、50%克菌丹可湿性粉剂600～800倍液、68.75%噁酮·锰锌水分散粒剂1 000～1 500倍液、45%异菌脲悬浮剂或50%可湿性粉剂1 000～1 500倍液及10%苯醚甲环唑水分散粒剂1 500～2 000倍液等。尽量掌握在雨前喷药效果较好，但必须选用耐雨水冲刷药剂。

三十二、轮斑病

【病　原】苹果链格孢霉（*Alternaria mali* Roberts），属于半知菌亚门丝孢纲丝孢目，病斑表面的霉状物即为病菌的分生孢子梗和分生孢子。

【发病规律】轮斑病菌以菌丝体或分生孢子主要在病落叶上越冬。翌年条件适宜时产生分生孢子，通过风雨传播，直接或从伤口侵染叶片进行危害。该病多从8月份开始发生，多雨潮湿、树势衰弱常加重该病危害；元帅系品种容易染病，富士系品种抗病性较强。轮斑病多为零星发生，很少造成落叶。

【防治技术】

1. **加强果园管理**　增施农家肥等有机肥，科学使用速效化肥，培强树势。科学修剪，合理结果量，低洼果园注意及时排水。落叶后至发芽前彻底清除树上、树下的病残落叶，搞好果园卫生，清除越冬菌源。

2. **适当喷药防治**　轮斑病一般不需单独喷药防治，个别往年发病严重果园从发病初期开始喷药，10～15天1次，连喷2次左右即可有效控制该病的发生危害。效果较好的有效药剂有：70%甲基硫菌灵可湿性粉剂或500克／升悬浮剂800～1 000倍液、30%戊唑·多菌灵悬浮剂1 000～1 200倍液、41%甲硫·戊唑醇悬浮剂 800 ～ 1 000 倍液、1.5%多抗霉素可湿性粉剂 300 ～ 400 倍液、10%苯醚甲环唑水分散粒剂 1 500 ～ 2 000 倍液、25% 戊唑醇乳油或水乳剂 2 500 ～ 3 000 倍液、50%多菌灵可湿性粉剂 或 500 克／升悬浮剂 600 ～ 800 倍液、80%代森锰锌（全络合态） 可湿性粉剂 800 ～ 1 000 倍液、50%克菌丹可湿性粉剂 600 ～ 800 倍液等；全套袋果园套袋后还可选用 77%硫酸铜钙可湿性粉剂 600 ～ 800 倍液、60%铜钙·多菌灵可湿性粉剂 600 ～ 800 倍液 及 1：（2 ～ 3）：（200 ～ 240）波尔多液等含铜杀菌剂。

三十三、灰斑病

【病　原】 梨叶点霉（*Phyllosticta pirina* Sacc.），属于半知菌 亚门腔孢纲球壳孢目，病斑上的小黑点即为病菌的分生孢子器， 内生大量分生孢子。

【发病规律】 灰斑病菌主要以菌丝体和分生孢子器在落叶上 越冬，翌年条件适宜时产生并释放出分生孢子，通过风雨传播进 行侵染危害。该病在田间有再侵染。高温、高湿是影响病害发生 的主要因素，降雨多而早的年份病害发生早且重；另外，树势衰弱、 果园郁闭、管理粗放等均可加重该病发生。

【防治技术】

1. **加强果园管理**　增施农家肥等有机肥，按比例科学施用速 效化肥及中、微量元素肥料，培育壮树，提高树体抗病能力。合 理修剪，促使果园通风透光，降低环境湿度。发芽前彻底清扫落叶， 集中深埋或烧毁，消灭病菌越冬场所。

2. **适当喷药防治**　灰斑病多为零星发生，一般果园不需单独 喷药防治，个别往年病害发生较重果园，从病害发生初期开始喷药， 10 ～ 15 天 1 次，连喷 2 次即可有效控制该病的发生危害。效果较好的有效药剂有：30%戊唑·多菌灵悬浮剂1 000～1 200倍液、41%甲硫·戊唑醇悬浮剂800～1 000倍液、430克/升戊唑醇悬浮剂3 000～4 000倍液、10%苯醚甲环唑水分散粒剂1 500～2 000倍液、70%甲基硫菌灵可湿性粉剂或500克/升悬浮剂800～1 000倍液、250克/升吡唑醚菌酯乳油2 000～2 500倍液、40%腈菌唑可湿性粉剂7 000～8 000倍液、1.5%多抗霉素可湿性粉剂300～400倍液、80%代森锰锌（全络合态）可湿性粉剂800～1 000倍液、50%克菌丹可湿性粉剂600～800倍液及60%铜钙·多菌灵可湿性粉剂600～800倍液等。

三十四、圆斑病

【病 原】 孤生叶点霉（*Phyllosticta solitaria* Ell.et Ev.），属于半知菌亚门腔孢纲球壳孢目，病斑上的小黑点即为病菌的分生孢子器，内生分生孢子。

【发病规律】 圆斑病菌主要以菌丝体和分生孢子器在落叶和枝条上越冬，翌年条件适宜时产生并释放出分生孢子，通过风雨传播进行侵染危害，田间有再侵染。多雨潮湿有利于病菌传播及病害发生，特别是5～6月份降雨影响较大。另外，果园管理粗放、树势衰弱、通风透光不良等均可加重病害发生。

【防治技术】 以加强果园管理、搞好果园卫生、促使果园通风透光、壮树防病为基础，适当结合药剂防治相配合。具体措施及喷药技术同"灰斑病"防治技术。

三十五、白星病

【病 原】 蒂地盾壳霉（*Coniothyrium tirolensis* Bub），属于

半知菌亚门腔孢纲球壳孢目，病斑上的小黑点即为病菌的分生孢子器，内生分生孢子。

【发病规律】 白星病菌主要以菌丝体或分生孢子器在落叶上越冬。翌年条件适宜时产生并释放出分生孢子，通过风雨传播，主要从伤口侵染叶片危害。管理粗放、地势低洼、土壤黏重、排水不良的果园容易发病，树势衰弱时病害发生较重，多雨潮湿有利于病害发生。

【防治技术】

1. **加强果园管理** 落叶后至发芽前彻底清除树上、树下的病残落叶，集中深埋或销毁，消灭病菌越冬场所。增施农家肥等有机肥，科学使用速效化肥及中、微量元素肥料，培强树势，提高树体抗病能力。合理修剪，科学结果量，低洼果园注意及时排水。

2. **适当喷药防治** 该病多为零星发生，一般不需单独喷药防治，个别往年受害严重果园从发病初期开始喷药，10～15天1次，连喷2次左右即可有效控制该病的发生危害，也可结合其他叶部病害进行综合防治。效果较好的药剂有：70%甲基硫菌灵可湿性粉剂或500克／升悬浮剂800～1 000倍液、430克／升戊唑醇悬浮剂3 000～4 000倍液、30%戊唑·多菌灵悬浮剂1 000～1 200倍液、41%甲硫·戊唑醇悬浮剂800～1 000倍液、10%苯醚甲环唑水分散粒剂1 500～2 000倍液、80%代森锰锌（全络合态）可湿性粉剂800～1 000倍液、50%克菌丹可湿性粉剂600～800倍液等；全套袋果园全套袋后还可选用77%硫酸铜钙可湿性粉剂600～800倍液、60%铜钙·多菌灵可湿性粉剂600～800倍液及1：（2～3）：（200～240）波尔多液等。

三十六、炭疽叶枯病

【病　原】 围小丛壳 [*Glomerella cingulata* (Stonem.)

Schr.et Spauld.]，属于子囊菌亚门核菌纲球壳菌目，自然条件下其有性阶段很少发现，常见其无性阶段。无性阶段为胶孢炭疽菌 [*Colletotrichum gloeosporioides* (Penz.) Sacc.]，属于半知菌亚门腔孢纲黑盘孢目，病斑表面的小黑点为病菌的分生孢子盘。

【发病规律】 炭疽叶枯病的发生规律还不十分清楚，根据田间调查及研究分析，病菌可能主要以菌丝体及子囊壳在病落叶上越冬，也有可能在病僵果、果台枝及 1 年生衰弱枝上越冬。翌年条件适宜时产生大量病菌孢子（子囊孢子及分生孢子），通过气流（子囊孢子）及风雨（分生孢子）进行传播，从皮孔或直接侵染危害。一般条件下潜育期 7 天以上，但在高温、高湿的适宜环境下潜育期很短，发病很快；在试验条件下，30℃仅需 2 小时保湿就能完成侵染过程。该病潜育期短，再侵染次数多，流行性很强，特别在高温高湿环境下常造成大量早期落叶，导致发二次芽、开二次花。

降雨是炭疽叶枯病发生的必要条件，阴雨连绵易造成该病严重发生，特别是 7～9 月份的降雨影响最大。苹果品种间抗病性有很大差异，嘎啦、乔纳金、金冠、秦冠、陆奥最易感病，富士系列、美国 8 号、藤木 1 号及红星系列品种较抗病。地势低洼、树势衰弱、枝叶茂密、结果量过大等均可加重病害发生。

【防治技术】 以搞好果园卫生、加强栽培管理为基础，感病品种及时喷药预防为保证。

1. **搞好果园卫生，消灭越冬菌源** 落叶后至发芽前，先树上、后树下彻底清除落叶，集中销毁或深埋。感病品种果园在发芽前喷洒 1 次铲除性药剂，铲除残余病菌，并注意喷洒果园地面；如果当年病害发生较重，最好在落叶后冬前提前喷洒 1 次清园药剂。清园效果较好的有效药剂有：77%硫酸铜钙可湿性粉剂 300～400

倍液、60%铜钙·多菌灵可湿性粉剂300～400倍液及1：1：100波尔多液等。

2. 加强栽培管理 增施农家肥等有机肥，按比例科学施用速效化肥及中微量元素肥料，培强树势，提高树体抗病能力。合理修剪，促使果园通风透光，雨季注意及时排水，降低园内湿度，创造不利于病害发生的环境条件。

3. 及时喷药预防 在7～9月份的雨季，根据天气预报及时在雨前喷药防病，特别是将要出现连阴雨时尤为重要，10天左右1次，保证每次出现超过2天的连阴雨前叶片表面都要有药剂保护。效果较好的药剂有：45%咪鲜胺乳油1 500～2 000倍液、430克／升戊唑醇悬浮剂3 000～4 000倍液、1.5%多抗霉素可湿性粉剂300～400倍液、250克／升吡唑醚菌酯乳油2 500～3 000倍液、30%戊唑·多菌灵悬浮剂800～1 000倍液、80%代森锰锌（全络合态）可湿性粉剂800～1 000倍液、50%克菌丹可湿性粉剂600～800倍液、70%丙森锌可湿性粉剂600～800倍液、77%硫酸铜钙可湿性粉剂600～800倍液、60%铜钙·多菌灵可湿性粉剂600～800倍液及1：2：200波尔多液等。应当指出，硫酸铜钙、铜钙·多菌灵及波尔多液均为含铜杀菌剂，只建议在苹果全套袋后使用。

三十七、白 粉 病

【病 原】 白叉丝单囊壳 [*Podosphaera leucotricha* (Ell.et Ev.) Salm.]，属于子囊菌亚门核菌纲白粉菌目；无性阶段为苹果粉孢霉（*Oidium* sp.），属于半知菌亚门丝孢纲丝孢目。病斑表面的白粉状物即为病菌无性阶段的分生孢子梗和分生孢子，黑色毛刺状物为其有性阶段的闭囊壳。

【发病规律】　白粉病菌主要以菌丝体在病芽内越冬，其中以顶芽带菌率最高，第一侧芽次之。翌年病芽萌发形成病梢，产生大量分生孢子，成为初侵染源。分生孢子通过气流传播，从气孔侵染幼叶、幼果、嫩芽、嫩梢进行危害，经 3～6 天的潜育期后发病。该病有多次再侵染，5～6 月份为发病盛期，也是病菌侵染新芽的重点时期，7～8 月份高温季节病情停滞，8 月底在秋梢上又出现 1 个发病小高峰。病菌主要侵害幼嫩叶片，1 年有 2 个危害高峰，与新梢生长期相吻合，但以春梢生长期危害较重。

白粉病菌喜湿怕水，春季温暖干旱、夏季多雨凉爽、秋季晴朗，有利于病害的发生和流行；连续下雨会抑制白粉病的发生。一般在干旱年份的潮湿环境中发生较重。果园偏施氮肥或钾肥不足、树冠郁闭、土壤黏重、积水过多发病较重。

【防治技术】

1. **加强果园管理**　采用配方施肥技术，增施有机肥及磷、钾肥，避免偏施氮肥。合理密植，科学修剪，控制灌水，创造不利于病害发生的环境条件。往年发病较重的果园，开花前、后及时巡回检查并剪除病梢，集中深埋或销毁，减少果园内发病中心及菌量。也可利用顶芽带菌率高的习性，对重病果园或重病树进行连续几年的顶芽重剪，在一定程度上清除越冬菌源。

2. **及时喷药防治**　一般果园在萌芽后开花前和落花后各喷药 1 次即可有效控制该病的发生危害；往年病害严重果园，还需在落花后 15 天左右再喷药 1 次。效果较好的有效药剂有：40%腈菌唑可湿性粉剂 6 000～8 000 倍液、10%苯醚甲环唑水分散粒剂 2 000～2 500 倍液、12.5%烯唑醇可湿性粉剂 2 000～2 500 倍液、430 克／升戊唑醇悬浮剂 3 000～4 000 倍液、25%乙嘧酚悬浮剂 800～1 000 倍液、4%四氟醚唑水乳剂 600～800 倍液、250 克／升吡唑醚菌酯乳油 2 500～3 000 倍液、30%戊唑·多菌灵悬浮剂

245

800～1 000倍液、70%甲基硫菌灵可湿性粉剂或500克／升悬浮剂800～1 000倍液及15%三唑酮可湿性粉剂1 000～1 200倍液等。如果春梢期病害发生较重，秋梢期则应再喷施上述药剂1～2次。

在苗圃中，从发病初期开始喷药，连喷2次上述药剂，即可控制苗木受害。

三十八、锈　病

【病　原】　山田胶锈菌（*Gymnosporangium yamadai* Miyabe），属于担子菌亚门冬孢菌纲锈菌目，是一种转主寄生性真菌，其生活史中可以产生4种病菌孢子。在苹果树上产生性孢子和锈孢子，在转主寄主桧柏上产生冬孢子和担孢子。

【发病规律】　锈病菌以菌丝体或冬孢子角在转主寄主桧柏上越冬。翌年春天，遇阴雨时越冬菌瘿萌发，产生冬孢子角及冬孢子，冬孢子再萌发产生担孢子，担孢子经气流传播到苹果幼嫩组织上，从气孔侵染危害叶片、果实等绿色幼嫩组织，导致受害部位逐渐发病。苹果组织发病后，先产生性孢子器（橘黄色小点）及性孢子、再产生锈孢子器（黄褐色长毛状物）及锈孢子，锈孢子经气流传播侵染转主寄主桧柏等，并在桧柏上越冬。锈孢子只能侵染转主寄主桧柏，担孢子只能侵染苹果幼嫩组织，所以该病没有再侵染，1年只发生1次。

锈病是否发生及发生轻重与桧柏远近及多少密切相关，若苹果园周围5千米内没有桧柏，则不会发生锈病；近距离内桧柏数量越多，则锈病发生可能越重。在有桧柏的前提下，苹果开花前后降雨情况是影响病害发生的决定因素，阴雨潮湿则病害发生较重。

【防治技术】

1. 消灭或减少病菌来源　彻底砍除果园周围5千米内的桧

柏，是有效防治苹果锈病的最根本措施。在不能砍除桧柏的果区，可在苹果萌芽前剪除在桧柏上越冬的菌瘿；也可在苹果发芽前于桧柏上喷洒 1 次铲除性药剂，杀灭越冬病菌，效果较好的铲除性药剂有：77% 硫酸铜钙可湿性粉剂 300 ~ 400 倍液、30% 戊唑·多菌灵悬浮剂 400 ~ 600 倍液、45% 石硫合剂晶体 30 ~ 50 倍液、3 ~ 5 波美度石硫合剂等。

2. **喷药保护苹果** 往年锈病发生较重的果园，在苹果展叶至开花前、落花后及落花后 15 左右各喷药 1 次，即可有效控制锈病的发生危害。常用有效药剂有：10% 苯醚甲环唑水分散粒剂 2 000 ~ 2 500 倍液、40% 氟硅唑乳油 7 000 ~ 8 000 倍液、40% 腈菌唑可湿性粉剂 6 000 ~ 8 000 倍液、430 克／升戊唑醇悬浮剂 3 000 ~ 4 000 倍液、30% 戊唑·多菌灵悬浮剂 1 000 ~ 1 200 倍液、41% 甲硫·戊唑醇悬浮剂 800 ~ 1 000 倍液、12.5% 烯唑醇可湿性粉剂 2 000 ~ 2 500 倍液、70% 甲基硫菌灵可湿性粉剂或 500 克／升悬浮剂 800 ~ 1 000 倍液、80% 代森锰锌（全络合态）可湿性粉剂 800 ~ 1 000 倍液、50% 克菌丹可湿性粉剂 600 ~ 800 倍液等。

3. **喷药保护桧柏** 不能砍除桧柏的地区，有条件时应对桧柏进行喷药保护。从苹果叶片背面产生黄褐色毛状物后开始在桧柏上喷药，10 ~ 15 天 1 次，连喷 2 次即可基本控制桧柏受害。有效药剂同苹果树上用药。若在药液中加入石蜡油类或有机硅类等农药助剂，可显著提高喷药防治效果。

三十九、黑 星 病

【病 原】苹果黑星菌 [*Venturia inaequalis* (Cke.) Wint.]，属于子囊菌亚门腔孢纲格孢腔菌目；无性阶段为苹果环黑星霉（*Spilocaea pomi* Fr.），属于半知菌亚门丝孢纲丝孢目。病斑表面的霉状物即为病菌无性阶段的分生孢子梗和分生孢子。其有性阶段的子囊壳多在落叶上的病斑周围产生，呈小黑点状，内生子囊和子囊孢子。

【发病规律】 黑星病菌主要以菌丝体和未成熟的子囊壳在落叶上越冬。翌年春季温湿度适宜时子囊孢子逐渐成熟，遇雨水时子囊孢子释放到空中，通过气流或风雨传播，侵染幼叶、幼果，经 9 ~ 14 天潜育期后逐渐发病。叶片和果实发病 15 天左右后，病斑上开始产生分生孢子，分生孢子经风雨传播，进行再侵染，再侵染的潜育期 8 ~ 10 天。该病菌从落花后到果实成熟期均可进行危害，在果园内有多次再侵染。降雨早、雨量大的年份发病早且重，特别是 5 ~ 6 月份的降雨，是影响病害发生轻重的重要因素；夏季阴雨连绵，病害流行快。苹果品种间感病差异明显，主要以小苹果类品种受害严重。

【防治技术】

1. **搞好果园卫生** 落叶后至发芽前，先树上后树下彻底清扫落叶，集中深埋或烧毁，清除病菌越冬场所，消灭越冬菌源。不易清扫落叶的果园，发芽前向地面淋洗式喷洒 1 次铲除性药剂，杀灭在病叶中越冬的病菌，效果较好的药剂有：77%硫酸铜钙可湿性粉剂 200 ~ 300 倍液、60%铜钙·多菌灵可湿性粉剂 200 ~ 300 倍液、45%代森铵水剂 100 ~ 200 倍液、10%硫酸铵溶液、5%尿素溶液等。

2. **生长期适时喷药防治** 关键为喷药时期，一般果园落花后至春梢停止生长期最为重要，根据降雨情况及时进行喷药，10 ~ 15 天 1 次，严重地区需连续喷施 3 ~ 4 次。春季雨水较多的年份，花序分离期应增加喷药 1 次。果实近成熟期病害发生较重的果园，果实成熟前 1.5 个月内仍需喷药 2 次保护果实。雨前喷药效果最好，但必须选用耐雨水冲刷药剂。开花前及幼果期可选用的药剂有：40%腈菌唑可湿性粉剂 6 000 ~ 8 000 倍液、10%苯醚甲环唑水分散粒剂 2 500 ～ 3 000 倍液、40%氟硅唑乳油 7 000 ～ 8 000 倍液、430 克／升戊唑醇悬浮剂 3 000 ～ 4 000 倍液、12.5%烯唑醇可湿性粉剂 2 000 ～ 2 500 倍液、30%戊唑·多菌灵悬浮剂 1 000 ～ 1 200 倍液、70%甲基硫菌灵可湿性粉剂或 500 克／升悬浮剂 800 ～ 1 000 倍液、500 克／升多菌灵悬浮剂 600 ～ 800 倍液、80%代森锰锌（全络合态）可湿性粉剂 800 ～ 1 000 倍液、50%克菌丹可湿性粉剂 600 ～ 800 倍液等，果实近成熟期除前期有效药剂可继续选用外，还可选用 77%硫酸铜钙可湿性粉剂 800 ～ 1 000 倍液、60%铜钙·多菌灵可湿性粉剂 600 ～ 800 倍液等含铜杀菌剂。

四十、锈果病

【病　原】　苹果锈果类病毒（*Apple scar skin viroid*，ASSVd）。梨树是该类病毒的重要潜隐寄主。

【发病规律】　锈果病树全株带毒，终生受害，全树果实发病，且连年发病。主要通过嫁接传染，无论接穗带毒还是砧木带毒均可传病，嫁接后潜育期为 3 ～ 27 个月；另外，在果园内病、健根接触也可传染，还有可能通过修剪工具接触传播，但花粉和种子不能传病。梨树是该病的普遍带毒寄主，均不表现明显症状，但可通过根部接触传染苹果。远距离传播主要通过带病苗木的调运。

【防治技术】　锈果病目前还没有切实有效的治疗方法，主要应立足于预防。培育和利用无病苗木或接穗，禁止在病树上选取接穗及在病树上扩繁新品种，是防止该病发生与蔓延的根本措施。

新建果园时，避免苹果、梨混栽。发现病树后，应立即消除病树，防止扩散蔓延；但不建议立即刨除，应先用高剂量除草剂草甘膦将病树彻底杀死后，再从基部锯除，2 年后再彻底刨除病树根，以防刨树时造成病害传播。着色品种的病树，实施果实套纸袋，可显著减轻果实发病程度。果园做业时，病、健树应分开修剪，避免使用修剪过病树的工具修剪健树，防止可能的病害传播。

四十一、花叶病

【病　原】　苹果花叶病毒（*Apple mosaic virus*，ApMV），分为强花叶株系、弱花叶株系和沿脉变色株系。

【发病规律】　花叶病是一种全株型病毒性病害，病树全株带毒，终生受害。主要通过嫁接传播，无论接穗还是砧木带毒均能传病；农事操作也可传播，但传播率较低。病害潜育期为3～27个月，潜育期长短，主要与嫁接时间及试验材料的大小有关。花叶症状从春梢萌发后不久即可表现，轻型症状在高温季节逐渐隐退（高温隐症），秋季凉爽后又重新出现；重型花叶没有高温隐症现象。轻病树对树体影响很小，重病树结果率降低、果实变小、甚至丧失结果能力。管理粗放果园危害重，蔓延快。

【防治技术】　花叶病只能预防，不能治疗，培育和利用无病毒苗木及接穗是预防该病的最根本措施。

1. 培育和利用无病毒苗木及接穗　育苗时选用无病实生砧木，坚决杜绝在病树上剪取接穗，建立无病毒苗木采穗圃。苗圃内发现病苗，彻底拔出销毁。严禁在病树上嫁接扩繁新品种。

2. 加强栽培管理　对轻病树加强肥水管理，增施有机肥及农家肥，适当重剪，增强树势，可减轻病情危害。对于丧失结果能力的重病树，应及时彻底刨除。

四十二、绿皱果病

【病　原】　苹果绿皱果病毒（*Apple green crinkle virus*，

AGCV)。

【发病规律】 绿皱果病目前仅知通过嫁接传染，切接、芽接均可传播。嫁接传播后潜育期至少3年，最长可达8年之久。病树既可全树果实发病，也可部分枝条上发病，还可病果零星分布。有的品种感病后，发芽、开花晚，夏季几乎没有叶片，早熟叶片提早脱落；有的品种病株树体小，树势衰弱，果实变小，不耐贮藏。

【防治技术】 培育和利用无病毒苗木是彻底预防该病的最有效措施。用种子实生砧木繁育无病苗木，并从无病母树上或从未发生过病毒病的大树上采集接穗。严禁在病树上高接换头、及保存与扩繁品种。发现病树要及时刨除，不能及时刨除的要在病树周围挖封锁沟，防止可能的根接触传播。

四十三、环斑病

【病 原】 苹果环斑病毒（*Apple ring spot virus*，ARSV）。

【发病规律】 环斑病目前仅已明确可以嫁接传播。芽接时，潜育期长达4~5年甚至更久，且只局限在某些枝条的果实发病。自然受害的病树，几乎每年都发病，但病果表现在树上没有规律。

【防治技术】 选择无病毒接穗和砧木，培育和利用无病苗木，是预防该病的最有效措施。发现病树，及时刨除销毁，防止扩大蔓延。

四十四、畸果病

【病 原】 苹果畸形果病毒。

【发病规律】 畸果病目前只明确可以通过嫁接传播，切接、芽接均可传病。

【防治技术】 培育和利用无病毒苗木是预防畸果病发生的最根本措施。避免从病树上选取接穗，也不要在病树上保存和扩繁品种。发现病树，及时、彻底刨除，并集中烧毁。

四十五、衰退病

【病　原】 由潜隐病毒引起，主要有3种：苹果褪绿叶斑病毒（*Apple chlorotic leaf spot virus*，ACLSV）、苹果茎沟病毒（*Apple grooving virus*，ASGV）、苹果茎痘病毒（*Apple stem pitting virus*，ASPV）。3种病毒多为复合侵染。

【发病规律】 衰退病主要通过嫁接传播，无论芽接、切接、劈接均可传病，在果园中还可通过病健根系接触传播。据调查，许多苹果树上均普遍带有潜隐病毒，但多数均为潜伏侵染，不表现明显症状，仅影响树体生长及产量。只有当砧穗组合均感病时或砧穗嫁接不亲和时才表现明显症状，病树出现根系枯死，病根木质部上产生条沟，新梢生长量较少，叶片色淡、小而硬，落叶早，开花多、坐果少，果实小、果肉硬，病树多在3～5年内衰退死亡。

【防治技术】 培育和利用无病毒苗木及接穗是彻底预防衰退病的最根本措施。尽量避免高接换头，必须换头时一定要使用无病毒接穗。严禁在带毒树上高接无病毒接穗及扩繁品种。增施农家肥等有机肥，按比例施用速效化肥及中、微量元素肥料，培育壮树，提高树体抗病能力。

四十六、扁枝病

【病　原】 苹果扁枝病毒（*Apple flat limb virus*，AFLV）。

【发病规律】　扁枝病在田间主要通过嫁接传播。潜育期最短为 8 个月，最长可达 15 年，一般为 1 年左右。研究证明，扁枝病病毒在树体内只向上移动。该病毒除侵染苹果外，还可侵染梨、樱桃、榅桲、核桃等。

　　【防治技术】　培育和利用无病毒苗木及接穗是预防该病的最根本措施。避免从病树上选取接穗，也不要在病树上保存和扩繁品种。发现病树，及时、彻底刨除，并集中烧毁。

四十七、纵裂病毒病

　　【病　原】　苹果纵裂病毒。

　　【发病规律】　纵裂病毒病目前尚缺乏系统研究，可能主要通过嫁接传播，无论接穗或砧木带毒均可传病。白龙品种发病较重。病树树势衰弱，坐果率降低，果实品质下降。

　　【防治技术】　培育和利用无病毒苗木及接穗是预防该病发生的最根本措施。严禁在病树上剪取接穗及扩繁品种。发现病树后增施农家肥等有机肥，培育壮树，提高树体耐病能力，减轻病害危害程度。

四十八、黄叶病

　　【病　因】　黄叶病是一种生理性病害，由于缺铁引起，土壤中缺少苹果树可以吸收利用的二价铁离子而导致发病。

　　【发生规律】　铁元素是叶绿素的重要组成成分，缺铁时，叶绿素合成受抑制，植物则表现出褪绿、黄化、甚至白化。由于铁元素在植物体内难以转移，所以缺铁症状多从新梢嫩叶开始表现。铁素在土壤中以难溶解的三价铁盐存在时，苹果树不能吸收利用，导致叶片缺铁黄化。盐碱地或碳酸钙含量高的土壤容易缺铁；大量使用化肥，土壤板结的地块容易缺铁；土壤黏重，排水不良，地下水位高，容易导致缺铁；根部、枝干有病或受损伤时，影响铁素的吸收传导，树体也可表现缺铁症状。

【防治技术】

1. 加强果园管理 增施农家肥、绿肥等有机肥，改良土壤，促使土壤中的不溶性铁转化为可溶性态，以便树体吸收利用。结合施用有机肥土壤混施二价铁肥，补充土壤中的可溶性铁含量，一般每株成龄树根施硫酸亚铁 0.5 ~ 0.8 千克。盐碱地果园适当灌水压碱，并种植深根性绿肥。低洼果园，及时开沟排水。及时防治苹果枝干病害及根部病害，保证养分运输畅通。根据果园施肥及土壤肥力水平，科学确定结果量，保持树体地上、地下生长平衡。

2. 及时树上喷铁 发现黄叶病后及时喷铁治疗，7 ~ 10 天 1 次，直至叶片完全变绿为止。效果较好的有效铁肥有：黄腐酸二胺铁 200 倍液、铁多多 500 ~ 600 倍液、黄叶灵 300 ~ 500 倍液、硫酸亚铁 300 ~ 400 倍液 + 0.05%柠檬酸 + 0.2%尿素的混合液等。

四十九、小 叶 病

【病 因】小叶病是一种生理性病害，由于锌素供应不足引起。

【发生规律】 锌元素与生长素及叶绿素的合成有密切关系，当锌素缺乏时，生长素合成受影响，进而导致叶片和新梢生长受阻；同时，锌素缺乏也影响叶绿素合成，致使叶色较淡，甚至黄化、焦枯。

沙地果园、盐碱地果园及土壤瘠薄地果园容易缺锌，长期施用速效化肥、特别是氮肥施用量过多、土壤板结等影响锌的吸收利用，土壤中磷酸过多可抑制根系对锌的吸收，钙、磷、钾比例失调时也影响锌的吸收利用。另外，土壤黏重，根系发育不良，小叶病也发生较重。

【防治技术】 加强施肥及土壤管理、适当增施锌肥是有效预防小叶病发生的根本措施，适当树上喷锌急救是避免小叶病严重危害的重要保证。

1. 加强果园栽培管理 增施农家肥、绿肥等有机肥，并配合施用锌肥，改良土壤。沙地、盐碱土壤及瘠薄地，在增施有机肥的同时，按比例科学使用氮、磷、钾肥及中、微量元素肥料。与有机肥混合施用锌肥时，一般每株需埋施硫酸锌0.5～0.7千克，连施3年左右效果较好。

2. 及时树上喷锌 对于小叶病树或病枝，萌芽期喷施1次3%～5%硫酸锌溶液，开花初期和落花后再各喷施1次0.2%硫酸锌＋0.3%尿素混合液、或300毫克／千克环烷酸锌、或氨基酸锌300～500倍液、或锌多多500～600倍液，可基本控制小叶病的当年危害。

五十、缩 果 病

【病 因】 缩果病是一种生理性病害，由缺硼引起。

【发生规律】 硼的主要作用是促进糖的运输，对花粉形成及花粉管伸长有重要作用，花期缺硼常导致大量落花，坐果率降低。另外，硼可以促进钾、钙、镁等微量元素吸收，并与核酸代谢有密切关系。缺硼时，核酸代谢受阻，细胞分裂及分化受抑制，顶芽和花蕾死亡，受精过程受阻，子房脱落，果实变小，果面凹凸不平。

沙质土壤、天然酸性土壤，硼素易流失；碱性土壤硼呈不溶状态，根系不易吸收；土壤干旱，影响硼的可溶性，植株难以吸收利用；土壤瘠薄、有机质贫乏，硼素易被固定。所以，沙性土壤、天然酸性土壤、碱性土壤及易发生干旱的坡地果园缩果病容易发生；土壤瘠薄、有机肥使用量过少、大量元素化肥（氮、磷、钾）使用量过多等，均可导致或加重缩果病发生；干旱年份病害发生较重。

【防治技术】

1. **加强栽培管理**　增施农家肥及有机肥，改良土壤，按比例科学施用速效化肥及中、微量元素肥料，干旱果园及时浇水。

2. **根施硼肥**　结合施用有机肥根施硼肥，施用量因树体大小而定。一般每株根施硼砂 50 ~ 125 克、或硼酸 20 ~ 40 克，施硼后立即灌水，防止产生肥害。

3. **树上喷硼**　在开花前、花期及落花后各喷硼 1 次，常用优质硼肥有：0.3%硼砂溶液、0.1%硼酸溶液、佳实百 800 ~ 1 000 倍液、加拿枫硼、速乐硼等。沙质土壤、碱性土壤由于土壤中硼素易流失或被固定，采用树上喷硼效果更好。

五十一、缺钙症

【病　因】 缺钙症是一种生理性病害，由于果实缺钙引起。

【发生规律】 钙是果实细胞壁间层的重要成分，能使原生质的水合度降低、黏性增大。当果实内钙离子浓度较低时，原生质及液泡膜崩解，薄壁细胞变成网状，致使果实组织松软，甚至出现褐点，外部呈现凹陷斑。

导致缺钙的根本原因是长期使用速效化肥、极少使用有机肥与农家肥、土壤严重瘠薄及过量使用氮肥造成的。果实内氮钙比 ≤10 时不发病，氮钙比 > 10 时逐渐发病、 > 30 时严重发病。酸性及碱性土壤均易缺钙，钾肥过多亦可加重缺钙症的表现。另外，果实套袋往往可以加重缺钙症的发生；采收过晚，果实成熟度过高，糖蜜型症状常发生较多。

【防治技术】 以增施农家肥等有机肥及硼钙肥、改良土壤为基础，避免偏施氮肥，适量控制钾肥，配合以生长期喷施速效钙肥。

1. **加强栽培管理** 增施绿肥、农家肥等有机肥，按比例配合施用氮、磷、钾肥及硼、钙肥，避免偏施氮肥，适量控制钾肥，以增加土壤有机质及钙素含量，并平衡钙素营养。酸性土壤每株施用消石灰 2～3 千克，碱性或中性土壤每株施用硝酸钙或硫酸钙 1 千克左右。合理修剪，使果实适当遮阴。搞好疏花疏果，科学结果量。适当推迟果实套袋时间，促使果皮老化。旱季注意浇水，雨季及时排水。适期采收，防止果实过度成熟。

2. **喷施速效钙肥** 树上喷钙的最佳有效时间是落花后 3～6 周，10 天左右 1 次，一般应喷施速效钙肥 2～4 次。速效钙肥的优劣主要从两个指标考量，一是有效钙的含量多少，二是钙素是否易被果实吸收。效果较好的钙肥是以无机钙盐为主要成分的固体钙肥，这类钙肥含钙量相对较高、且易被吸收利用。目前，生产中效果较好的速效钙肥有：速效钙 400～600 倍液、佳实百 800～1 000 倍液、硝酸钙 300～500 倍液、高效钙或美林钙 400～600 倍液、腐殖酸钙 500～600 倍液及真钙等。由于钙在树体内横向移动性小，喷钙时应重点喷布果实，使果实直接吸收利用。叶片虽能吸收，但不易向果实转移。

五十二、虎 皮 病

【病　因】 虎皮病是一种生理性病害，多数研究认为在果实贮藏中后期，果皮中的天然抗氧化剂活性降低，导致果实蜡质层中产生的挥发性半萜烯类碳氢化合物 α-法尼烯被氧化成共轭三烯，进而伤害果皮细胞造成的。

【发生规律】 影响虎皮病发生的因素很多，生长期导致果实延迟成熟的栽培措施和气候条件均可诱发虎皮病发生，如氮肥过多、修剪过重、新梢生长过旺、秋雨连绵、低温高湿等；另外，采收过早、着色不良、入库不及时、贮藏环境温度过高、湿度偏低、通风不良等均可加重该病的发生。对虎皮病敏感的品种如国光、倭锦、金冠等，α-法尼烯的含量较高，共轭三烯产生量较多，病害常发生较重。

【防治技术】

1. **加强栽培管理** 增施农家肥等有机肥，按比例施用氮、磷、钾肥及中微量元素肥料，特别是中后期避免偏施氮肥。合理修剪，使果园通风透光，促进果实成熟及着色。适当疏花疏果，雨季注意及时排水。较感病的敏感品种不要过早采收，待果实充分成熟后适期收获。

2. **尽量冷库贮藏或气调贮藏** 在 0℃～2℃下贮藏，并加强通风换气，可基本控制虎皮病的发生危害。若采用气调贮藏，氧气控制在 1.8%～2.5%、二氧化碳控制在 2%～2.5%、其他为氮气的环境，贮藏 7.5 个月也不会发生虎皮病。

3. **果实采后处理** 果实包装入库前，用含有二苯胺（每张纸含 1.5～2 毫克）、或乙氧基喹（每张纸含 2 毫克）的包果纸包果；或用 0.1%二苯胺液、或 0.25%～0.35%乙氧基喹液、或 1%～2%卵磷脂溶液、或 50%虎皮灵乳剂 150～250 倍液浸洗果实，待果实晾干后包装贮藏。

五十三、红玉斑点病

【病 因】 红玉斑点病是一种生理性病害，致病因素与果实近成熟期及采收后的代谢活动有关，但具体原因尚不清楚。

【发生规律】　该病主要发生在贮藏运输期，果实采收过早或过晚、果个偏大及采前遇高温干旱的果实均发病较重，贮藏期高温常加重病害发生。果实充分成熟后采收发病较少。

【防治技术】　加强栽培管理，增施农家肥等有机肥，按比例施用氮、磷、钾肥及中、微量元素肥料，适当增施钙肥。干旱季节及时浇水。根据果实成熟期适时采收。尽量采用低温贮藏或气调贮藏。

五十四、衰老发绵

【病　因】衰老发绵是一种生理性病害，由于果实过度成熟、衰老所至。

【发生规律】　该症的发生与否及发生轻重不同品种间存在很大差异，早熟及中早熟品种发病较多。据田间调查，有机肥施用偏少、速效化肥使用量较多且各成分间比例失调、土壤干旱等，均可显著加重病害危害程度。另据田间试验，增施钙肥能够在一定程度上减轻病害发生。

【防治技术】　加强栽培管理，增施农家肥等有机肥，按比例科学施用氮、磷、钾肥及中、微量元素肥料，适当增施钙肥，干旱季节及时浇水，提高果实的自身保鲜能力。选择较抗病品种，并根据品种特点，适时采收，避免果实成熟过度。

五十五、裂果症

【病　因】　裂果症是一种生理性病害，主要由于水分供应失调引起，特别是前旱后涝该症发生较多。

【发生规律】 裂果症除与水分供应失调有直接关系外，还与品种、施肥状况及一些栽培管理措施有关。富士系品种及国光容易裂果，钙肥缺乏常可加重裂果发生；套纸袋苹果，套袋偏早，摘袋后裂果发生较多；若摘袋后遇多雨天气，亦常导致或加重裂果症的发生。

【防治技术】增施绿肥、农家肥等有机肥，按比例科学施用氮、磷、钾肥及中微量元素肥料，并适当增施钙肥。干旱季节及时灌水，雨季注意排水，保证树体水分供应基本平衡，避免造成大旱、大涝。科学规划套袋时期，促使幼果果皮尽量老化。结合缺钙症防治，套袋前树上适当喷施速效钙肥。

五十六、日 灼 病

【病 因】日灼病是一种生理性病害，由阳光过度直射造成。

【发生规律】 在高温干旱季节，果实无枝叶遮阴，阳光直射使果皮发生烫伤，是导致该病发生的主要因素。日灼病多发生在炎热夏季和高温干旱季节，修剪过度、无枝叶遮阴，常加重日灼病发生；三唑类农药用量偏大，抑制枝叶生长，亦可加重发生危害；套袋果摘袋时温度偏高，容易造成脱袋果的日灼病。

【防治技术】 合理修剪，避免修剪过度，使果实能够有枝叶遮荫。科学选用农药，避免造成药害而抑制枝叶生长。夏季注意及时浇水，保证土壤水分供应，使果实含水量充足，提高果实耐热能力。夏季适当喷施尿素（0.3%）、磷酸二氢钾（0.3%）等叶面肥，增强果实耐热性。套袋果摘袋时尽量采用二次脱袋技术，逐渐提高果实的适应能力。实施树干涂白，避免枝干受害，涂白剂配方为：生石灰 10 ～ 12 千克、食盐 2 ～ 2.5 千克、豆浆 0.5 千克、豆油 0.2 ～ 0.3 千克、水 36 升。

五十七、霜环病

【病因】霜环病是一种自然灾害型的生理性病害，由于落花后的幼果期遭受低温冻害引起，冻害严重时幼果早期脱落，轻病果逐渐发育成霜环病。据调查，苹果终花期后7～10天如遇低于3℃的最低气温，幼果即可能受害。

【发生规律】霜环病能否发生与落花后幼果是否与春季低温相重合有关。若低温发生较早，则造成冻花。果园管理粗放、土壤有机质贫乏，病害常发生较重；地势低洼果园容易遭受冻害。幼果期持续阴雨低温常加重病害的发生发展。

【防治技术】加强栽培管理，增施农家肥等有机肥，培育壮树，提高幼果抗逆能力。容易发生霜环病的果园或果区，在苹果落花至幼果期，随时注意天气变化及预报，一旦有低温寒流警报，应及时采取熏烟或喷水等措施进行预防。另外，在开花前、后喷施0.003%丙酰芸薹素内酯（爱增美）水剂2 000～3 000倍液，能在一定程度上提高幼果抗冻能力，减轻霜环病发生。

五十八、冻害及抽条

【病因】冻害及抽条是一种由自然界温度异常变化所引起的生理性伤害，多发生在早春和秋冬交替季节。

【发生规律】栽培管理措施不当是影响冻害及抽条的主要因素。如生长期肥水过多，特别是氮肥过量，造成枝条徒长，木质化（老化）程度不够，常造成抽条及枝条枯死；结果量过多、肥水不足、病虫害造成早期落叶等，导致树势衰弱，抗逆力较低，易造成冻花、冻芽、冻果等。不同品种抗低温能力不同，容易遭受冻害及抽条的地区，应尽量选择抗低温能力强的品种栽植。

【防治技术】

1. 加强栽培管理，提高树体抗逆能力 新建果园时，根据当地气候条件，选择耐低温能力较强的品种栽植。幼树果园，进入7月份后控制肥水管理，特别是停止使用氮肥，促进枝条老化，提高枝条保水及抗逆能力。进入结果期后，根据结果量或产量需要，加强肥水管理，科学施用氮磷钾肥，及时防治造成叶片早期脱落的病虫害，培育壮树，提高树体抗逆能力。

2. 树干涂白，降低温度聚变程度 容易发生冻害的地区，秋后及时树干涂白，降低树体表面温度聚变程度，有效防止发生冻害。常用涂白剂配方为：水∶生石灰∶石硫合剂（原液）∶食盐 = 10∶3∶0.5∶0.5。

3. 适当培土保护 落叶后树干基部适当培土，提高干基周围保温效能。春季容易发生抽条的地区，在树干北面及西北面培月牙形土埂，并对树盘覆盖地膜，给树盘创造一个相对背风向阳及早春地膜增温的环境，促使根系尽早活动，降低抽条危害。

五十九、果实冷害

【病　因】 果实冷害是一种生理性病害，主要原因是在低于苹果冰点的温度下较长时间贮存引起，即为果实冻伤。

【发生规律】 果实冷害的发生主要与贮藏环境温度有关，低于 -1℃贮存时即有可能发生，且温度越低冷害发生越快（冷害症状多从外向内蔓延），相对较高时冷害发生较慢（冷害症状多从内向外蔓延）。另外，果实含水量及成熟度与冷害发生也有一定关系，果实含水量越高越易发生冷害，果实成熟度越高冷害发生越缓慢。

【防治技术】预防果实冷害发生的最根本措施就是适温贮藏，即保证贮藏环境温度不低于 −1℃。另外，果实生长后期尽量控制浇水，避免果实含水量过高；同时，尽量适期采收，适当提高果实成熟度。

六十、大 脚 症

【病　因】大脚症是一种生理性病害，主要是由于砧穗相对不亲和引起。也有人认为是潜隐病毒危害的一种表现。

【发生规律】大脚症的发生主要与砧穗组合类型有关，当两者表现亲和力降低时，虽能嫁接成活，但很容易形成嫁接口处的上大下小。另外，大脚症病树根系常发育不良，对树体的固着与支撑能力降低，成龄后易被大风刮倒。单纯由砧穗不亲和引发的大脚症，发病株率高，与砧穗组合类型存在明确因果关系；若由潜隐病毒引起，发病率多呈零星分布，没有规律。

【防治技术】选择优良的砧穗组合、培育和利用无病毒苗木，是彻底预防大脚症的最根本措施。当田间发现大脚症病树时，一方面在树干基部适当培土，促使嫁接口上部生根，以增加树体固着能力，但可能会改变接穗的品种特性；另一方面是增施肥水，促进根系发育，培育壮树。

六十一、果 锈 症

【病　因】果锈症是一种生理性病害，由于果面受外界不当刺激引起，如农药刺激、喷药刺激、雨露雾等高湿环境刺激、机械损伤刺激等。

【发生规律】果锈的症状表现实际是果实遭受外界不当刺激

受微伤后，而产生的一种愈伤保护反应的结果。其中幼果期（落花后 1.5 个月内）农药选用不当造成的药物刺激影响最大。其次，幼果期雨露雾过重、果园环境中有害物质浓度偏高、果面受药液水流冲击或机械摩擦损伤及钙肥使用量偏低等，均可加重果锈症的发生危害。第三，在低洼、沿海多雾露地区，如果选择果袋质量偏差，易吸水受潮，果实套袋后也可诱发果锈症的产生。第四，该病发生轻重与苹果品种间存在很大差异，金冠苹果受害最重，其他系列品种相对较轻。

【防治技术】

1. **选用安全优质农药** 苹果落花后的 1.5 个月内或套袋前必须选用优质安全有效农药，并尽量不选用乳油类药剂，以减少药物对果面的刺激，这是预防果锈症的最根本措施。常用安全优质杀菌剂有甲基硫菌灵、戊唑·多菌灵（龙灯福连）、甲硫·戊唑醇、多菌灵（纯）、苯醚甲环唑、全络合态代森锰锌、克菌丹、吡唑醚菌酯等，常用安全优质杀虫杀螨剂有阿维菌素、甲氨基阿维菌素苯甲酸盐、吡虫啉、啶虫脒、非乳油类菊酯类杀虫剂、氟苯虫酰胺、氯虫苯甲酰胺、甲氧虫酰肼、灭幼脲等。

2. **加强果园管理** 增施农家肥等有机肥，按比例科学使用氮、磷、钾肥及中微量元素肥料，并适当增施硼、钙肥。合理修剪，使果园通风透光良好，降低环境湿度。选用优质果袋，提高果袋透气性。进行优质喷雾，提高药液雾化程度，避免药液对果面造成机械冲击伤害。

六十二、雹　害

【病　因】 雹害是一种大气自然伤害，属于机械创伤，相当于"生理性病害"。主要是由于气象因素剧变造成。

【发生规律】　雹害很大程度上不能进行人为预防，但也有一定规律可循，民间就有"雹区"、"雹线"的说法。另外，遭遇雹灾后应加强栽培及肥水管理，促进树势恢复，避免继发病害的"雪上加霜"。

【防治技术】

1. **防雹网栽培**　在经常发生冰雹危害的地区，有条件的可以在果园内架设防雹网，阻挡或减轻冰雹危害。

2. **雹灾后加强管理**　遭遇雹灾后应积极采取措施加强管理，适当减少当年结果量，增施肥水，促进树势恢复。同时，果园内及时喷洒 1 次内吸治疗性广谱杀菌剂，预防一些病菌借冰雹伤口侵染危害，如 30% 戊唑·多菌灵悬浮剂 800 ～ 1 000 倍液、70% 甲基硫菌灵可湿性粉剂或 500 克／升悬浮剂 600 ～ 800 倍液等。另外，也可喷施 50% 克菌丹可湿性粉剂 600 ～ 800 倍液，既能预防病菌从伤口侵染，又可促进伤口尽快干燥、愈合。

六十三、盐碱害

【病　因】　盐碱害是一种生理性病害，由于土壤中一些盐碱成分（多为硝酸盐）含量过高，导致水分吸收受阻而引起。

【发生规律】　沿海地区果园、滩涂果园及盐碱地区果园发病较多，土壤地下水位高、过量施用速效化肥、有机肥施用量偏低等均可加重盐碱害的发生。

【防治技术】

1. **加强肥水管理，改良土壤**　增施有机肥、农家肥及绿肥，或间作绿肥作物后翻入土壤，如苜蓿、田菁等，以改良土壤；避免过量使用速效化肥，特别是硝态化肥。盐碱地区适当灌水压碱，降低浅层土壤盐碱含量。

2. 高垄栽培 盐碱地区及地下水位较高的低洼潮湿地区栽植苹果树时，尽量采用高垄栽培（在高垄上栽植苹果树），可显著降低盐碱害的发生。

六十四、药 害

【病 因】 药害相当于生理性病害，导致原因很多，但主要是化学药剂使用不当造成的。如药剂使用浓度过高、喷洒药液量过大、局部积累药液过多、有些药剂安全性较低、药剂混用不合理、用药过程中安全保护不够、用药错误等。

【发生规律】 多雨潮湿、雾大露重、高温干旱等环境条件及树势衰弱、不同生育期等树体本身状况均与药害发生有一定关系。如铜制剂在连阴雨时易造成药害，普通代森锰锌（非全络合态）在高温干旱时易造成药害，苹果幼果期用药不当易造成果实药害等。

【防治技术】防止药害发生的关键是科学使用各种化学农药，即在正确识别和选购农药的基础上，科学使用农药、合理混用农药、根据苹果生长发育特点及环境条件合理选择优质安全有效药剂等。特别是幼果期选择药剂尤为重要，不能选用铜制剂、含硫磺制剂、质量低劣的代森锰锌及劣质乳油类产品等，并严格按照推荐浓度使用。其次，加强栽培管理，增强树势，提高树体的耐药能力，也可在一定程度上降低药害的发生程度。第三，发生轻度药害后，及时喷洒 0.003% 爱增美（丙酰芸薹素内酯）水剂 2000 ~ 3000 倍液 + 0.3% 尿素、或 0.136% 碧护（赤·吲乙·芸苔）可湿性粉剂 10 000 ~ 15 000 倍液等，可在一定程度上减轻药害程度，促进树势恢复，但该措施对严重药害效果不明显。

第四章　苹果害虫防治

一、绣线菊蚜

【发生规律】　绣线菊蚜属留守式蚜虫，全年仅在一种或几种近缘寄主上完成其生活周期，无固定转换寄主现象。1 年发生 10 多代，以卵在枝杈、芽旁及皮缝处越冬。翌春寄主萌动后越冬卵孵化为干母，4 月下旬在芽、嫩梢顶端、新生叶的背面危害，10 余天后发育成熟，开始进行孤雌生殖直到秋末。只有最后一代进行两性生殖，无翅产卵雌蚜和有翅雄蚜交配产卵越冬。危害前期因气温低，繁殖慢，多产生无翅孤雌胎生蚜；5 月下旬开始出现有翅孤雌胎生蚜，并迁飞扩散；6 月份繁殖最快，虫口密度明显提高，麦收前后达到高峰，大量蚜虫群集嫩梢、嫩芽以及叶背，致使叶片向背面横卷。幼嫩新梢是蚜虫繁殖发育的有利条件。7 ~ 9 月份雨量较大时，虫口密度会明显下降，至 10 月开始产生雌、雄有性蚜，并进行交尾、产卵越冬。

【防治技术】

1. **休眠期防治**　结合防治其他害虫，发芽前进行药剂清园。喷洒 1 次 3 ~ 5 波美度石硫合剂、或 45%石硫合剂晶体 40 ~ 80 倍液、或含油量 5%柴油乳剂，杀灭越冬虫卵。

2. **化学防治**　苹果萌芽期（越冬卵开始孵化期）和 5 ~ 6 月间新梢上虫口密度较大而天敌数量较少时，是药剂防治的 2 个关键期。有效药剂有：10%吡虫啉可湿性粉剂 1 200 ~ 1 500 倍液、70%吡虫啉水分散粒剂 8 000 ~ 10 000 倍液、350 克／升吡虫啉悬浮剂 4 000 ~ 6 000 倍液、20%啶虫脒可溶性粉剂 6 000 ~ 8 000 倍液、5%啶虫脒乳油 2 500 ~ 3 000 倍液、25%吡蚜酮可湿性粉剂 2 500 ~ 3 000 倍液、25%烯啶虫胺可溶性粉剂 2 500 ~ 3 000 倍液、20%氰戊菊酯乳油 1 500 ~ 2 000 倍液、4.5%高效氯氰菊酯乳油或水乳剂 1 500 ~ 2 000 倍液、5%高效氯氟氰菊酯乳油 3 000 ~ 4 000 倍液、48%毒死蜱乳油 1 500 ~ 2 000 倍液等。喷药应及时均匀周到，混加石蜡油或有机硅类农药助剂效果更好。

3. 保护利用天敌　蚜虫天敌种类和数量很多，如瓢虫、草蛉、食蚜蝇等，尤其是小麦产区，麦黄后麦田的瓢虫、草蛉等蚜虫天敌大量转移到果园内，成为抑制蚜虫发生的主要因素，此期应尽量减少果园内喷药，以保护利用天敌。

二、苹果瘤蚜

【**发生规律**】苹果瘤蚜 1 年发生 10 余代，以卵在 1 年生新梢、芽腋或剪锯口等部位越冬。翌年 4 月苹果发芽至展叶期为越冬卵的孵化期，约半月左右。初孵若虫先集中在芽露绿部位取食，苹果展叶后再爬到小叶上为害。蚜虫逐渐发育成熟，而后进行孤雌生殖，虫口密度增大。5 月中旬被害新梢上的受害叶片开始向下弯曲、纵卷，严重时逐渐皱缩枯死。此后，被害叶内开始产生有翅蚜虫，到 6 月下旬有翅蚜逐渐向其他寄主植物上迁飞。7 月份以后，苹果园内已无瘤蚜危害，而在其他寄主植物上繁殖越夏。到 10 月份又产生有翅蚜飞回果园，在苹果树上交尾产卵，以卵越冬。

【**防治技术**】休眠期防治与生长期防治相结合。喷药防治苹果瘤蚜的关键期为越冬卵孵化盛期，即苹果萌芽至展叶期，喷药应均匀、周到、细致。有效药剂及其他防治方法同"绣线菊蚜"。

三、苹果绵蚜

【发生规律】 苹果绵蚜在我国1年发生8～21代，主要以一、二龄若虫越冬，越冬部位多在枝干的粗皮裂缝内、瘤状虫瘿下面及伤口周围，特别是腐烂病刮口边缘及透翅蛾和天牛等危害的伤口处较多，其次在剪锯口及根部的不定芽上。翌年4月气温达9℃左右时，越冬若虫开始活动，5月上旬气温达11℃以上时开始扩散至1～2年生枝条的叶腋、嫩芽基部为害，以孤雌胎生方式大量繁殖无翅雌蚜。5月下旬至7月上旬为全年繁殖高峰期。此时枝干的伤疤边缘和新梢叶腋等处都有蚜群，被害部位肿胀成瘤。7～8月份气温较高，不利于绵蚜繁殖，加之寄生性天敌日光蜂的数量剧增，而使种群数量下降。9月下旬以后气温降至适宜温度，苹果绵蚜数量开始回升，出现第二次危害高峰。进入11月份气温降至7℃以下，若蚜陆续越冬。苹果绵蚜田间近距离传播通过自身爬行、有翅蚜扩散或通过农事操作人为扩散。带虫苗木和接穗是远距离传播的主要途径。

【防治技术】 以加强果园管理为基础，抓住关键防治时期用药防治为重点，采取"剪除虫枝、刮除越冬场所老翘皮、枝干受害处涂抹药泥、生长期及时喷药防治、根部适时灌药控制"相结合的综合措施。重点抓好冬季、花前和花后的防治，彻底压低虫源基数。

1. 培育和使用无虫苗木　建立苹果苗木、接穗繁育基地，提供健康苗木和接穗；并对苗木、接穗进行检查，有效控制苹果绵蚜的扩散。有虫苗木、接穗进行药剂处理，杀灭繁殖材料携带的蚜虫，可用48%毒死蜱乳油800～1000倍液浸泡苗木或接穗2～3分钟灭虫。

2. **加强果园栽培管理** 苹果休眠期刮除枝干粗翘皮和伤疤，并在伤疤处涂抹药泥。同时，剪除受害枝条，用预先准备好的塑料布或袋子及时收集，集中烧毁。

3. **化学药剂防治**

（1）枝干伤疤涂抹药泥 春季群聚绵蚜扩散以前（4月中旬以前），使用40%毒死蜱乳油200倍液和泥，而后涂抹在绵蚜群集越冬处。

（2）树上喷药 果园内局部发生为害时最好挑治，蚜虫株率30%以上时需要全园喷药。在越冬若虫出蛰盛期（4月中旬）和一、二代绵蚜迁移期（5月下旬、6月初）各喷药1次即可。效果较好的药剂如48%毒死蜱乳油或水乳剂1 200～1 500倍液、52.25%氯氰·毒死蜱乳油1 500～2 000倍液、22.4%螺虫乙酯悬浮剂2 500～3 000倍液、5%啶虫脒乳油2 000～2 500倍液、2.5%高效氯氟氰菊酯水乳剂1 500～2 000倍液等。喷药应均匀周到，特别要将枝干伤疤处、树皮缝隙处及树下根蘖苗处喷到。

（3）根部施药 苹果绵蚜发生较重的果园，在果树发芽前将树干周围1米范围内的土壤扒开，露出根部，每667米^{2}撒施5%辛硫磷颗粒剂2～2.5千克、或15%毒死蜱颗粒剂0.5～1千克，然后覆盖原土或用钉耙搂一遍后覆盖原土，杀灭根部越冬绵蚜。也可结合雨后或灌溉后用药，使用48%毒死蜱乳油500～600倍液喷洒地表，而后中耕浅锄1遍，药效可达1个多月。5～6月份和9～10月份苹果绵蚜发生高峰期，使用10%吡虫啉可湿性粉剂800～1000倍液喷灌树下土壤表层，也有一定防治效果。

四、梨网蝽

【发生规律】 梨网蝽在华北地区1年发生3～4代、黄河故道 4 ~ 5 代，均以成虫在枯枝落叶、翘皮缝内、杂草及土石缝中越冬。翌年梨树展叶时成虫开始活动，在叶背主脉两侧的组织内产卵。卵上附有黄褐色胶状物，卵期约 15 天。若虫孵出后群集在叶背主脉两侧危害。成虫寿命长，世代重叠严重。10 月中旬后成虫陆续寻找适宜场所越冬。

【防治技术】

1. 诱杀越冬成虫　9 月份在苹果树干上绑草绳或瓦楞纸等诱集带，诱集越冬成虫，深冬至早春解下集中烧毁。

2. 清洁果园　苹果发芽前彻底清除果园内及周边的杂草、落叶，集中烧毁，可显著压低越冬虫源数量，减轻翌年危害。

3. 药剂防治　发生严重果园，在越冬成虫出蛰后或 1 代若虫孵化盛期及时喷药防治，然后再于 7、8 月份梨网蝽发生盛期喷药 1 ~ 2 次即可。效果较好的药剂有：1.8% 阿维菌素乳油 2 500 ~ 3 000 倍液、48% 毒死蜱乳油或水乳剂 1 200 ~ 1 500 倍液、22.4% 螺虫乙酯悬浮剂 3 000 ~ 4 000 倍液、5% 啶虫脒乳油 2 000 ~ 2 500 倍液、20% 啶虫脒可溶性粉剂 8 000 ~ 10 000 倍液、70% 吡虫啉水分散粒剂 8 000 ~ 10 000 倍液、4.5% 高效氯氰菊酯乳油 1 500 ~ 2 000 倍液、5% 高效氯氟氰菊酯乳油 3 000 ~ 4 000 倍液、50% 马拉硫磷乳油 1 000 ~ 1 500 倍液等。

五、山楂叶螨

【发生规律】　山楂叶螨 1 年发生 5 ~ 13 代，各地均以受精雌成螨越冬，越冬部位多在枝干树皮缝内、树干基部 3 厘米的土块缝隙内。越冬雌螨在春季苹果花芽膨大期开始出蛰，苹果中熟品种盛花期出蛰基本结束，并开始产卵。落花后为第一代卵盛期。山楂叶螨多在叶片背面群集为害，数量多时吐丝结网，在叶背绒毛或丝网上产卵。一般先在树冠内堂进行危害，随气温升高，逐渐向外扩散，6月份麦收前后为害最重。越冬雌螨出现的早晚与寄主植物的营养状况有关，当叶片营养差时，7月份就可见到橘红色的越冬型雌螨。

山楂叶螨发生受气候因素影响明显，春季温度回升快、高温干旱时间长，山楂叶螨发生严重，高温高湿对叶螨发生不利。叶螨类天敌种类很多，自然发生的种类包括食螨瓢虫、塔六点蓟马、捕食螨、草蛉、小花蝽等。果园天敌的种类和数量受喷药种类和次数影响很大，不使用广谱性的菊酯类及有机磷类农药的果园，一般叶螨自然消退较早。

【防治技术】

1. **保护利用天敌**　在果园行间种植绿肥，通过绿肥上发生的害虫培育果树叶螨天敌，以种植毛叶苕子较好。在不适合种植绿肥的果园，提倡果园自然生草，剔除生长茂盛的恶性杂草，保留低矮杂草，为天敌提供庇护场所。果园内尽量不使用广谱性杀虫剂。另外，也可人工大量释放捕食螨、塔六点蓟马进行防控。

2. **诱杀越冬虫源**　树干光滑的果园，在越冬雌螨进入越冬场所之前，于树干上绑缚草绳、瓦楞纸等诱集带，诱集越冬雌螨，而后在苹果萌芽前解下，集中烧毁。

3. **搞好果园卫生**　苹果发芽前刮除枝干粗皮、翘皮，破坏害螨越冬场所，然后在苹果萌芽期喷洒铲除性药剂，杀灭残余越冬成螨，有效药剂如3～5波美度石硫合剂、45%石硫合剂晶体40～60倍液等。

4. **生长期喷药防治**　当越冬基数大时，在苹果落花后，喷施1次5%噻螨酮乳油1 200～1 500倍液，或20%四螨嗪可湿性粉剂1 500～2 000倍液，有效控制越冬雌成螨的传种接代。虽然这两种药剂对成螨没有直接杀伤作用，但对螨卵、幼螨、若螨具有很好的杀灭效果，并使接触该药剂的雌成螨所产卵不能孵化。而后根据害螨发生情况及时进行喷药。效果较好的药剂还有：1.8%阿维菌素乳油2 500～3 000倍液、240克／升螺螨酯悬浮剂4 000～5 000倍液、15%哒螨灵乳油1 500～2 000倍液、25%三唑锡可湿性粉剂1 500～2 000倍液、50%丁醚脲悬浮剂2 000～3 000倍液、500克／升溴螨酯乳油1 500～2 000倍液、43%联苯肼酯悬浮剂2 500～3 000倍液、110克／升乙螨唑悬浮剂5 000～6 000倍液、5%唑螨酯悬浮剂2 000～2 500倍液等。具体喷药时注意不同类型杀螨剂交替使用，以延缓害螨产生抗药性，且喷药应均匀周到。

六、苹果全爪螨

【发生规律】苹果全爪螨在北方果区1年发生6～9代，以卵在短果枝果台和2年生以上枝条的粗糙处越冬，越冬卵的孵化期与苹果物候期及气温有较稳定的相关性，一般在苹果花蕾膨大期、气温达14.5℃后进入孵化盛期。越冬卵孵化非常集中，越冬代若螨、成螨发生也极为整齐。第一代卵在苹果盛花期始见，花后1周大部分孵化，此后各虫态并存且世代重叠。麦收前后达全年为害高峰期，夏季叶面上数量较少，秋季数量回升又出现小高峰。

苹果全爪螨为害高峰早于山楂叶螨，但在一些使用农药不当的果园，苹果全爪螨为害期延长，有些果园是持续受害到8月中下旬。幼螨、若螨、雄螨多在叶背取食活动，雌螨多在叶面活动危害，无吐丝拉网习性，既能两性生殖，也可孤雌生殖。每雌螨产卵量因代数不同而异，越冬代每雌产卵67.4粒，第一代平均产卵46.0粒，第五代产卵11.2粒。夏卵多产在叶背主脉附近及近叶柄处和叶面主脉凹陷处。苹果全爪螨的天敌和山楂叶螨相同，主要有捕食螨、塔六点蓟马等，天敌对叶螨种群数量具有显著的控制作用。

【防治技术】

1. 搞好越冬卵防治 苹果萌芽初期，全园喷洒 1 次铲除性药剂，杀灭越冬螨卵。有效药剂如：3 ～ 5 波美度石硫合剂、45%石硫合剂晶体 40 ～ 60 倍液、5%矿物油乳剂等。

2. 生长期喷药防治及其他措施 同"山楂叶螨"。

七、二斑叶螨

【发生规律】 二斑叶螨在南方果区 1 年发生 20 多代，北方果区一般发生 12 ～ 15 代，以受精雌成螨主要在地面土缝中越冬，少数在树皮缝内越冬。翌年春天平均气温达 10℃左右时，越冬雌成螨开始出蛰。地面越冬的个体首先在树下阔叶杂草及果树根蘖上取食和产卵繁殖。上树后先集中在内膛为害，6 月下旬开始扩散，7 月份达为害盛期。在高温季节，二斑叶螨 8 ～ 10 天完成 1 个世代。与山楂叶螨相比，其繁殖力更高。在二者混合发生的果园，二斑叶螨具有更强的竞争能力，会很快取代山楂叶螨成为果园内的优势种群。10 月上旬果园内逐渐出现越冬成螨。

【防治技术】

1. 保护利用天敌 果园喷药时注意保护天敌，尽量避免使用广谱性杀虫剂，以充分发挥塔六点蓟马、食螨小黑瓢虫及捕食螨对害螨的控制作用。另外，也可人工大量释放捕食螨、塔六点蓟马进行防控。

2. 地面防治 利用二斑叶螨前期主要在地面危害的特性，在麦收前对地面杂草和根蘖苗进行防治，螨量较少时可释放天敌进行控制，螨量较多时对树下及时喷药。有效药剂如阿维菌素、三唑锡、螺螨酯、乙螨唑、四螨嗪等，喷施倍数详见"树上喷药防治"。

3. 树上喷药防治 一般果园在5月底、6月初发现树上二斑叶螨数量开始较快增加时立即喷药，1～1.5个月后再喷药1次。有效药剂有：1.8%阿维菌素乳油2 500～3 000倍液、25%三唑锡可湿性粉剂1 500～2 000倍液、20%四螨嗪可湿性粉剂1 500～2 000倍液、240克/升螺螨酯悬浮剂4 000～5 000倍液、110克/升乙螨唑悬浮剂5 000～6 000倍液、43%联苯肼酯悬浮剂2 500～3 000倍液、500克/升溴螨酯乳油1 500～2 000倍液、5%唑螨酯悬浮剂2 000～2 500倍液、50%丁醚脲悬浮剂2 000～3 000倍液等。喷药应及时均匀周到，并注意重点喷洒树冠内膛。

4. 其他措施 利用二斑叶螨前期在树下为害而后上树的特性，于害螨上树前在树干上涂抹或设置粘虫胶带，有效阻挡二斑叶螨上树为害。

八、苹果蠹蛾

【**发生规律**】 在新疆1年发生2～3代，以老熟幼虫在树干粗皮裂缝翘皮下、树洞中及主枝分叉处缝隙中结茧越冬。当春季日平均气温高于10℃时，越冬幼虫开始化蛹；日平均气温达16℃～17℃时，越冬代成虫羽化进入高峰期。新疆果区越冬代成虫、第一代成虫、第二代成虫发生高峰分别出现在5月上旬、7月中下旬和8月中下旬，有明显世代重叠现象。成虫昼伏夜出，有趋光性。雌蛾羽化后2～3天即可交尾产卵。卵散产于叶片背面和果实上，每雌蛾产卵40粒左右。初孵幼虫先在果面上四处爬行，寻找适当处蛀入果内，蛀果时不吞食咬下的果皮碎屑。幼虫蛀果后为害果肉和种子，并向外排出虫粪，有转果为害习性，多从三龄开始转果为害，一个果实内可有几头幼虫同时为害。幼虫老熟后脱果，在树皮下结茧化蛹。苹果蠹蛾喜干厌湿，其生长发育的最适相对湿度为 70%～80%，成虫只有在相对湿度低于 74% 时才进行产卵。

【防治技术】

1. **加强植物检疫** 苹果蠹蛾是一种重要的检疫性害虫，主要通过果品及包装物随运输工具远距离传播，为防止幼虫及蛹随被害果实运出疫区传播扩散，应加强产地检疫，坚决杜绝有虫果实外运。

2. **人工防治** 成虫产卵前果实套袋；树干绑缚草绳或瓦楞纸等诱虫带诱杀老熟幼虫；及时摘除树上虫蛀果并收集落地虫果，集中销毁；苹果发芽前刮除枝干粗翘皮，破坏害虫越冬场所。

3. **生化防治技术** 利用苹果蠹蛾性引诱剂诱杀雄蛾或迷向干扰交配。当苹果蠹蛾种群密度较低时，使用每根含有苹果蠹蛾性引诱剂 120 毫克的胶条迷向剂，每 667 米^2 悬挂 60～70 根，在苹果开花初期挂在树冠上部，能有效控制苹果蠹蛾整个生长季节的危害。如果利用性引诱剂诱杀雄蛾，每 667 米^2 需设置诱捕器 2～4 个。当越冬代虫口密度达每 667 米^2 70 头以上时，单一使用迷向法很难有效控制苹果蠹蛾的发生，必须辅助其他防治措施才能得到较好的防治效果。

4. **化学药剂防治** 化学药剂防治的关键是在每代卵孵化至初龄幼虫蛀果前及时喷药。利用性诱剂诱捕器做好虫情测报，一般每个果园悬挂 5 个诱捕器，间隔 50 米左右，挂在树冠 1.8 米的高度，开始每周检查 1 次诱蛾量，逐渐发展到每天检查。当观察到成虫羽化高峰期时，即开始喷药。有效药剂有：48% 毒死蜱乳油或 40% 可湿性粉剂 1 500～2 000 倍液、1% 甲氨基阿维菌素苯甲酸盐水乳剂 2 000～2 500 倍液、200 克／升氯虫苯甲酰胺悬浮剂 3 000～4 000 倍液、2.5% 高效氯氟氰菊酯水乳剂 1 500～2 000 倍液、4.5% 高效氯氰菊酯乳油 1 500～2 000 倍液、20% 氰戊菊酯乳油 1 500～2 000 倍液、20% 甲氰菊酯乳油 1 500～2 000 倍液、

52.25%氯氰·毒死蜱乳油 1 500 ～ 2 000 倍液、50%杀螟硫磷乳油 1 500 ～ 2 000 倍液等。发生严重果园，7 ～ 10 天后再喷药 1 次。

5. 生物防治　　在成虫产卵初期开始释放赤眼蜂，每 667 米²次释放 2 万～ 3 万头松毛虫赤眼蜂，间隔几天后再释放 1 次，对苹果蠹蛾有一定控制作用。

6. 物理诱杀　　利用成虫的趋光性，在果园内设置黑光灯、或频振式诱虫灯，对苹果蠹蛾进行诱杀。该法适用于大面积果园联片应用。

九、桃小食心虫

【发生规律】桃小食心虫在山东、河北等地 1 年发生 1 ～ 2 代，以老熟幼虫做扁圆形的"冬茧"在树冠下 3 ～ 6 厘米深的土壤中越冬。翌年越冬幼虫从 5 月末至 7 月中旬陆续出土，出土盛期在 6 月中下旬。越冬幼虫出土后，多向树干方向爬行，在土块、石块或杂草、茎秆下等处结纺锤形"夏茧"化蛹，蛹期平均约 14 天。越冬代成虫发生期为 6 月中旬至 7 月下旬，盛期在 6 月末至 7 月上旬。成虫羽化后 1 ～ 3 天产卵，每头雌虫产卵 200 ～ 300 粒，绝大多数卵产在果实绒毛较多的萼洼处，卵期约为 7 天。初孵幼虫先在果面上爬行数十分钟至数小时后，选择适当部位咬破果皮蛀入果中。幼虫在果实内为害 20 余天，老熟后咬一圆形脱果孔，脱果落地。7 月底以前脱果落地的幼虫结夏茧化蛹，羽化出成虫继续发生第二代；8 月份以后脱果的幼虫大部分直接入土结冬茧越冬。桃小发生早晚与土壤温、湿度关系密切，当旬平均温度达到 16.9℃、地温达到 19.7℃时，如果有适当的降水或灌溉，越冬幼虫即可连续出土。

【防治技术】

1. 果实套袋 果实套袋后即可避免桃小食心虫的蛀果为害，因此套袋时间不能过晚，要在桃小产卵前完成套袋，一般果园6月上中旬完成套袋即可。

2. 地面防治 上年虫口密度较高时，可在翌年越冬幼虫出土期地面施药防治，施药时期以诱捕到第一头桃小食心虫雄蛾时进行。一般使用48%毒死蜱乳油500～600倍液、或50%辛硫磷乳油300～500倍液喷淋树下地面，将土壤表层喷湿，然后耙松土表。喷药前应先把地面杂草清除。使用辛硫磷时最好在傍晚操作。

3. 树上喷药防治 根据虫情测报确定喷药时间。既可采用桃小食心虫性引诱剂进行测报（一般从5月底开始悬挂桃小食心虫性诱剂诱捕器），也可使用诱虫灯进行测报。当出现诱蛾高峰时立即开始喷药，7～10天后再喷药1次。有效药剂同"苹果蠹蛾"生长期喷药。

4. 人工防治 从6月份开始，每15天摘除虫果1次，并捡拾落地虫果集中销毁。

十、梨小食心虫

【发生规律】 梨小食心虫在华北果区1年发生3～4代，以老熟幼虫结茧在树皮缝内、枝杈缝隙处及根颈部土壤中越冬，有的也可在石块下、果品仓库墙缝处越冬。成虫昼伏夜出，对糖醋液和果汁及黑光灯有较强趋性。卵单粒散产，每雌虫产卵50～100余粒。在苹果、梨与桃混栽的果园中，第一代卵主要产在桃树嫩梢第3～7片叶背面，初孵幼虫从嫩梢端部2～3片叶子的基部蛀入嫩梢中，幼虫大都在5月份为害。第二代卵主要在6月至7月上旬，大部分还是产在桃树上，少数产在苹果或梨树上，幼虫继续为害新梢，并开始为害桃果和早熟品种的苹果、梨。第三代和第四代幼虫主要为害梨、桃、苹果的果实。混栽果园因为食料丰富，各代发生期很不整齐，世代重叠严重。在单植套袋的苹果园，梨小食心虫整个生长季均主要取食为害苹果芽和嫩梢，各世代发生比较整齐。

【防治技术】

1. 新栽果园树种要合理布局　梨小食心虫主要为害苹果、梨等仁果类果树和桃、李、杏、樱桃等核果类果树，如果这些果树毗邻栽培或混栽，则为梨小食心虫提供了充足的食源，害虫必定严重发生。因此，新建果园时要充分考虑避免与核果类果树（尤为桃树）毗邻栽培或混栽，以从生态角度控制梨小食心虫的发生为害。

2. 人工防治　不套袋果园，首先在生长中后期及时摘除虫果，并捡拾落地虫果，集中销毁；然后于果实采收前，在树干上绑缚草绳或诱集带，诱集脱果幼虫在此越冬，进入冬季后解下烧毁。苹果发芽前，刮除枝干粗皮、翘皮，破坏害虫越冬场所，消灭在树皮缝内的越冬幼虫。与桃树混栽或毗邻的果园，及时剪除桃树被害嫩梢（萎蔫新梢），集中销毁。

3. 物理防治　利用梨小成虫对糖醋液及黑光灯的强烈趋性，在果园内设置糖醋液诱捕器、或黑光灯或频振式诱虫灯，诱杀成虫。糖醋液的配制比例一般为：白糖：食醋：酒精：水＝3：1：3：80。将配制好的糖醋液盛于碗内或水盆中，悬挂在树上，距离地面高约1.5米。

4. 生物防治　在梨小食心虫第一代和第二代卵发生期，于田间释放松毛虫赤眼蜂，每5天释放1次，连续释放4次，每667米^{2}总放蜂量8万～10万头，可有效控制梨小食心虫的为害。

5. 生长期喷药防治　喷药防治的关键是掌握在各代成虫产卵

盛期至幼虫孵化期及时喷药。第一代和第二代的防治重点是保护桃梢。不套袋的苹果园防治重点在 7 月中旬以后，即第三代和第四代幼虫发生期。根据虫情测报在产卵盛期至幼虫孵化期及时喷药，每代喷药 1 ～ 2 次，间隔 7 ～ 10 天。有效药剂同"苹果蠹蛾"生长期喷药。

十一、桃蛀螟

【发生规律】 桃蛀螟 1 年发生 2 ～ 5 代，河北、山东、陕西等果区 1 年多发生 2 ～ 3 代，均以老熟幼虫结茧越冬。越冬场所比较复杂，多在果树翘皮裂缝中、果园的土石块缝内、梯田边、堆果场等处越冬，也可在玉米茎秆、高粱秸秆、向日葵花盘等处越冬。翌年 4 月开始化蛹、羽化，但很不整齐，导致后期世代重叠严重。成虫昼伏夜出，对黑光灯和糖醋液趋性强。华北地区第一代幼虫发生在 6 月初至 7 月中旬，第二代幼虫发生在 7 月初至 9 月上旬，第三代幼虫发生在 8 月中旬至 9 月下旬。从第二代幼虫开始为害果实，卵多产在枝叶茂密处的果实上或两个果实相互紧贴之处，卵散产。一个果内常有数条幼虫，幼虫还有转果为害习性。卵期 6 ～ 8 天，幼虫期 15 ～ 20 天，蛹期 7 ～ 10 天，完成 1 代约需 30 天。9 月中下旬后老熟幼虫转移至越冬场所越冬。

【防治技术】

1. 人工防治 果树发芽前刮树皮、翻树盘等，处理害虫越冬场所，消灭越冬害虫。生长期及时摘除虫果、捡拾落果，并集中深埋，消灭果内幼虫。实行果实套袋，阻止害虫产卵、蛀食为害。

2. 诱杀成虫 利用成虫对黑光灯及糖醋液的趋性，于成虫羽化期在果园内设置黑光灯、或频振式诱虫灯、或糖醋液诱捕器，诱杀成虫。

3. 及时喷药防治 根据预测预报，在越冬代、第一代及第二代成虫产卵高峰期及时喷药防治，每代喷药 1～2 次，间隔 7～10 天。套袋果园套袋前最好喷药 1 次。效果较好的有效药剂有：48%毒死蜱乳油或 40%可湿性粉剂 1 200～1 500 倍液、1.8%阿维菌素乳油 2 500～3 000 倍液、2%甲氨基阿维菌素苯甲酸盐微乳剂 3 000～4 000 倍液倍液、20%杀铃脲悬浮剂 3 000～4 000 倍液、10%虱螨脲悬浮剂 1 500～2 000 倍液、4.5%高效氯氰菊酯乳油 1 500～2 000 倍液、5%高效氯氟氰菊酯乳油 3 000～4 000 倍液、20%甲氰菊酯乳油 1 500～2 000 倍液、50%马拉硫磷乳油 1 200～1 500 倍液等。喷药应及时均匀周到，连续两次喷药最好选用不同类型药剂，以提高综合防治效果。

十二、棉铃虫

【发生规律】 棉铃虫在华北果区 1 年发生 4 代，以蛹在地下土内越冬。翌年 4 月中下旬气温达 15℃时，成虫开始羽化，5 月上中旬为羽化盛期，5 月中下旬幼虫开始为害幼果。6 月中旬是第一代成虫发生盛期，7 月上中旬为第二代幼虫为害盛期，7 月下旬为第二代成虫羽化产卵盛期，第三代成虫于 8 月下旬至 9 月上旬产卵。10 月中旬第四代幼虫老熟后入土化蛹越冬。果园及其附近田里的棉铃虫，第一代就开始为害苹果，以后各代为害更重。成虫昼伏夜出，有很强的趋光性。卵散产在嫩叶或果实上，每头雌蛾产卵 200～800 粒，卵期 3～4 天。

【防治技术】

1. 加强果园管理 果园内不要种植棉花、番茄、花生等棉铃虫的喜爱植物。在果园内设置黑光灯或频振式诱虫灯，诱杀成虫。

2. 果实套袋 尽量实施果实套袋，阻止棉铃虫蛀果为害，这是目前有效防治棉铃虫中后期蛀果为害最有效的无公害措施之一。

3. 及时喷药防治 结合其他害虫防治，在各代幼虫卵孵化盛期至蛀果为害初期及时喷药防治，每代喷药 1～2 次，间隔期 7～10 天。有效药剂有：20% 氯虫苯甲酰胺悬浮剂 2 000～3 000 倍液、20% 氟苯虫酰胺水分散粒剂 2 500～3 000 倍液、25% 灭幼脲悬浮剂 1 500～2 000 倍液、20% 杀铃脲悬浮剂 2500～3 000 倍液、5% 虱螨脲乳油 1 200～1 500 倍液、4.5% 高效氯氰菊酯乳油 1 500～2 000 倍液、5% 高效氯氟氰菊酯乳油 3 000～4 000 倍液、48% 毒死蜱乳油或 40% 可湿性粉剂 1 200～1 500 倍液、20% 甲氰菊酯乳油 1 500～2 000 倍液等。

十三、梨象甲

【发生规律】 梨象甲 1 年发生 1 代，少数 2 年 1 代，以成虫在 6 厘米左右深的土层中越冬。苹果开花时开始出蛰，幼果似拇指大小时出蛰最多，出蛰期为 4 月下旬至 7 月上旬。落花后降透雨有利于越冬成虫出土，春旱时出土期推迟。成虫出土后即飞到树上取食为害，白天活动，晴朗无风高温时最活跃；有假死性，早晚低温时遇惊扰假死落地。为害 1～2 周后开始交尾产卵，产卵时先把果柄基部咬伤，然后到果上咬 1 小孔产 1～2 粒卵于内，用黏液封口成黑褐色斑点。6 月中旬至 7 月上中旬为产卵盛期。成虫寿命很长，产卵期达 2 个月左右。每雌虫可产卵 20～150 粒，卵期 1 周左右。产卵果于产卵后 4～20 天陆续脱落，10 天左右落果最多。脱落迟早与咬伤程度、风雨大小有关。多数幼虫需在落果中继续为害 20～30 天，老熟后脱果入土，做土室化蛹。蛹期 1～2 个月，羽化后即在蛹室内越冬。

【防治技术】

1.人工防治　成虫出土期清晨震树，下接布单捕杀成虫，每5～7天进行1次。及时捡拾落地虫果，集中销毁，杀灭其内幼虫。

2.适当树上喷药　往年梨象甲为害较重的果园，在成虫出蛰期树上喷药防治，10天左右1次，连喷2次左右，以早、晚凉爽时喷药效果较好，并选用触杀性好的速效性药剂。效果较好的药剂有：80%敌敌畏乳油1 000～1 200倍液、48%毒死蜱乳油或40%可湿性粉剂1 200～1 500倍液、50%马拉硫磷乳油1 500～2 000倍液、50%杀螟硫磷乳油1 200～1 500倍液、2.5%溴氰菊酯乳油1 500～2 000倍液、4.5%高效氯氰菊酯乳油1 500～2 000倍液、5%高效氯氟氰菊酯乳油3 000～4 000倍液、20%甲氰菊酯乳油1 500～2 000倍液等。

3.地面用药　往年梨象甲为害较重的梨园，还可在成虫出土期进行地面用药防治，杀灭出蛰成虫。具体用药方法及有效药剂同"桃小食心虫"地面用药。

十四、绿盲蝽

【发生规律】　绿盲蝽在北方果区1年发生4～5代，以卵在苹果枝条上的芽鳞内或其他寄主植物上越冬。翌年4月中旬苹果花序分离期开始孵化，4月下旬是顶芽越冬卵孵化盛期，初孵若虫集中为害花器、嫩芽和幼叶。5月上中旬达越冬代成虫发生高峰，也是集中为害幼果时期。成虫寿命长，产卵期持续1个月左右。第一代发生较整齐，以后世代重叠严重。成虫、若虫均比较活泼，爬行迅速，具很强的趋嫩性，成虫善飞翔。成虫、若虫多数白天潜伏在树下草丛中或根蘖苗上，清晨和傍晚上树为害芽、嫩梢或幼果。绿盲蝽主要为害幼嫩组织，早春展叶期和小幼果期为害最重，当嫩梢停止生长叶片老化后不再为害，而转移到周围其他寄主植物上为害。秋天，部分末代成虫又陆续迁回果园，产卵越冬。

【防治技术】

1. **搞好果园卫生** 苹果萌芽前，彻底清除果园内及周边的杂草，消灭绿盲蝽的部分越冬场所，减少越冬虫源。

2. **黏杀若虫** 发芽前在树干上涂抹黏虫胶环，阻止并黏杀上树为害的绿盲蝽若虫。

3. **及时喷药防治** 开花前、后是喷药防治绿盲蝽的关键，特别是落花后的小幼果期。害虫发生严重果园，开花前喷药1次，落花后喷药1～2次，间隔期7～10天。效果较好的有效药剂有：48%毒死蜱乳油或40%可湿性粉剂1 200～1 500倍液、4.5%高效氯氰菊酯乳油1 500～2 000倍液、5%高效氯氟氰菊酯乳油3 000～4 000倍液、20%甲氰菊酯乳油1 500～2 000倍液、70%吡虫啉水分散粒剂8 000～10 000倍液、20%啶虫脒可溶性粉剂6 000～8 000倍液、1.8%阿维菌素乳油2 500～3 000倍液等。以早、晚喷药效果较好，并注意喷洒地面杂草及行间作物，且喷药应均匀周到。

十五、麻皮蝽

【发生规律】 麻皮蝽在北方果区1年发生1代，安徽、江西等地1年发生2代，均以成虫在屋檐下、墙缝、石壁缝、草丛和落叶等处越冬。在北方果区翌年4月下旬越冬成虫开始出蛰活动，出蛰期长达2个多月。成虫飞翔力强，受惊扰时分泌臭液，早晚低温时常假死坠地，但正午高温时则逃飞。山西太谷5月中下旬开始交尾产卵，6月上旬达产卵盛期，卵多成块状产于叶背，每块约12粒。初龄若虫常群集叶背，二、三龄后分散活动。7～8

月间羽化为成虫。9月下旬以后，成虫陆续飞向越冬场所。村庄附近果园受害较重。

【防治技术】

1. 人工防治　在成虫越冬前和出蛰期，利用成虫在墙面上爬行停留的习性，进行人工捕杀。成虫产卵后，结合农事操作收集卵块和初孵若虫，集中消灭。

2. 果实套袋　尽量实施果实套袋，有效防止成虫及若虫刺吸为害果实。以选用双层纸袋效果最好，且套袋时果与袋之间要留有一定间隙。

3. 适当喷药防治　一般果园不需单独喷药，考虑兼治即可。若靠近村庄、且往年麻皮蝽为害较重的果园，可在5月下旬至6月上旬成虫为害和若虫发生期喷药2次左右，间隔期约10天，但是必须选择触杀性强的速效性药剂。5月下旬喷药时，大果园也可重点喷洒外围周边，有效阻止麻皮蝽入园。效果较好的常用药剂有：80%敌敌畏乳油1 000～1 200倍液、48%毒死蜱乳油或40%可湿性粉剂1 200～1 500倍液、50%马拉硫磷乳油1 500～2 000倍液、50%杀螟硫磷乳油1 200～1 500倍液、20%氰戊菊酯乳油1 500～2 000倍液、4.5%高效氯氰菊酯乳油1 500～2 000倍液、2.5%高效氯氟氰菊酯乳油1 500～2 000倍液、20%甲氰菊酯乳油1 500～2 000倍液等。

十六、茶翅蝽

【发生规律】　茶翅蝽在华北地区1年发生1～2代，以受精的雌成虫在果园中或果园周边的室内及室外的屋檐下等处越冬。翌年4月下旬至5月上旬，成虫陆续出蛰，出蛰盛期在5月上中旬，越冬代成虫一直为害至6月份。5月下旬越冬代成虫开始产卵，产卵盛期在6月中旬，8月上旬仍有卵孵化。大部分卵产在叶背面，多为28粒左右排列成不规则的三角形。初孵若虫静伏在卵壳周围刺吸叶片汁液，二龄若虫在叶背取食，受到惊扰会很快分散，一旦散开则不再聚集。6月上旬以前产的卵，可于8月份以前羽化为第一代成虫。第一代成虫很快交尾产卵，导致发生第二代若虫。而在6月上旬以后产的卵，只能发生1代。8月中旬以后羽化的成虫均为越冬代成虫。越冬代成虫平均寿命为301天。当年羽化的成虫继续为害果实，10月份后成虫陆续转移，寻找越冬场所潜藏越冬。果实从幼果期到采收期均可受害，但以幼果期受害较重。

【防治技术】 参考"麻皮蝽"防治部分。

十七、苹小卷叶蛾

【发生规律】 苹小卷叶蛾1年发生3～4代，以二龄和三龄幼虫在果树老翘皮、剪锯口、芽鳞片内及粘贴在枝条上的枯叶内等处结茧越冬。翌年春季苹果花芽膨大期（候平均温度达7℃以上）开始出蛰，苹果盛花期（候平均温度在12℃～13℃时）为小幼虫出蛰盛期。出蛰后先在幼芽、花蕾及嫩叶上取食，稍大后卷叶为害，有转叶为害习性。老熟幼虫在卷叶中结茧化蛹。三代发生区，6月中旬越冬代成虫羽化，7月下旬第一代羽化，9月上旬第二代羽化。成虫昼伏夜出，有趋光性和趋化性，对果醋和糖醋均有较强的趋性。成虫在叶片背面产卵，卵块排成鱼鳞状。幼虫孵化后马上吐丝扩散。当年生幼虫既可卷叶为害，又可啃食果皮。

【防治技术】

1. **人工摘除虫苞** 苹果展叶后及整个生长期，结合农事活动经常检查，及时剪除卷叶虫苞，集中销毁，杀灭卷叶内幼虫。

2. **诱杀成虫** 利用成虫的趋光性和趋化性，在果园内设置黑光灯或频振式诱虫灯及糖醋液诱捕器，诱杀成虫。

3. 果实套袋 果实套袋后能有效避免幼虫对果实的为害。

4. 化学药剂防治 苹小卷叶蛾的药剂防治应抓住2个时期，一是越冬代幼虫出蛰期（露红期至花序分离期），这是全年防治的重点，能有效降低后期的防治压力及成本，一般果园喷药1次即可；二是第一代和第二代幼虫孵化期，各需喷药1～2次。效果较好的有效药剂有：20%虫酰肼悬浮剂1 000～1 500倍液、240克／升甲氧虫酰肼悬浮剂2 500～3 000倍液、25%灭幼脲悬浮剂1 500～2 000倍液、50克／升虱螨脲乳油1 200～1 500倍液、5%阿维菌素水乳剂6 000～8 000倍液、3%甲氨基阿维菌素苯甲酸盐微乳剂4 000～6 000倍液、35%氯虫苯甲酰胺水分散粒剂6 000～8 000倍液、20%氟苯虫酰胺水分散粒剂3 000～4 000倍液、60克／升乙基多杀霉素悬浮剂2 000～3 000倍液、14%氯虫·高氯氟微囊悬浮剂3 000～4 000倍液、5%高氯·甲维盐微乳剂1 500～2 000倍液、52.25%氯氰·毒死蜱乳油1 500～2 000倍液、5%高效氯氟氰菊酯乳油3 000～4 000倍液、48%毒死蜱乳油1 200～1 500倍液等。

十八、褐带长卷叶蛾

【发生规律】褐带长卷叶蛾在华北、安徽、浙江1年发生4代，湖南4～5代，福建、广东6代，均以老熟幼虫在卷叶虫苞内越冬。安徽越冬幼虫于翌春4月化蛹、羽化，1～4代幼虫分别在5月中下旬、6月下旬至7月上旬、7月下旬至8月中旬、9月中旬至翌年4月上旬发生。幼虫有趋嫩性，活泼，受惊扰即弹跳落地；老熟后多在苞叶内化蛹。成虫白天潜伏在树丛中，夜间活跃，有趋光性，卵块呈鱼鳞状排列，上覆胶质薄膜，多产在叶面，每雌蛾平均产卵 330 粒。5 ～ 6 月份多雨潮湿有利于其发生，秋季干旱发生较轻。

【防治技术】

1. **人工防治**　结合冬季修剪，彻底剪除树上枯叶虫苞，集中销毁；并在发芽前彻底清除果园内的枯枝落叶、杂草，集中烧毁，消灭越冬虫源。生长季节，结合其他农事活动，及时剪除卷叶虫苞，摘除有卵块叶片，消灭幼虫及卵块。

2. **诱杀成虫**　利用成虫的趋光性，在果园内设置黑光灯或频振式诱虫灯，诱杀成虫，并进行发生期测报。

3. **保护和利用天敌**　首先喷药时尽量避免使用广谱性杀虫剂；其次可在第一、第二代成虫产卵期释放松毛虫赤眼蜂，每代放蜂 3 ～ 4 次，5 ～ 7 天 1 次，每 667 米^2 次放蜂量约 2.5 万头。

4. **化学药剂防治**　在做好虫情调查的基础上，抓住第一代和第二代卵孵化盛期及时喷药防治。有效药剂同"苹小卷叶蛾"生长期喷药。

十九、顶梢卷叶蛾

【发生规律】 顶梢卷叶蛾 1 年发生 2 ～ 3 代，以二、三龄幼虫在枝梢顶端卷叶团中越冬。早春苹果花芽展开时，越冬幼虫开始出蛰，首先为害顶芽、侧芽，待展叶后吐丝将嫩叶卷成叶苞，幼虫潜藏其中取食为害。幼虫老熟后在卷叶团中结茧化蛹。在发生 3 代地区，各代成虫发生期依次为：越冬代在 5 月中旬至 6 月末，第一代在 6 月下旬至 7 月下旬，第二代在 7 月下旬至 8 月末。每雌蛾产卵约 150 粒，多产在当年生枝条中部叶片背面的多绒毛处。第一代幼虫主要为害春梢，2 ～ 3 代幼虫主要为害秋梢。10 月上旬以后幼虫陆续越冬。

【防治技术】　顶梢卷叶蛾防治应以人工防治为主，药剂防治为辅。这是因为：一是顶梢卷叶蛾主要为害幼树和苗木，对结果大树的产量和质量均无影响；二是在顶梢卷叶蛾为害时，卷叶团呈拳头状，且干枯不落，极易发现；三是卷叶紧密，药剂防治难以奏效。具体方法：苹果树萌芽前，彻底剪除卷叶枝梢，集中烧毁；生长季节随时剪除虫梢销毁，或捏死卷叶虫苞内幼虫。

二十、黄斑卷叶蛾

【发生规律】　黄斑卷叶蛾1年发生3～4代，以冬型成虫在杂草、落叶中越冬。翌年3月下旬苹果花芽萌动时越冬成虫即出蛰活动，天气晴朗温暖时进行交尾，于4月上旬开始产卵。越冬代成虫的卵主要产在枝条上，少数产在芽的两侧和基部；其他各代卵主要产在叶片上，以老叶叶背为主，卵散产。第一代卵孵化后，幼龄幼虫先为害花芽，待展叶后开始为害枝梢嫩叶，吐丝卷叶，取食叶肉及叶片，有时还可啃食果实。幼虫行动较迟缓，有转叶为害习性，每蜕1次皮则转移1次。自然条件下，第一代各虫期发生比较整齐，是药剂防治的好时机，以后各代互相重叠，给防治造成一定困难。

【防治技术】

1. **农业防治**　苹果萌芽前彻底清除果园内的杂草、落叶，集中销毁，消灭越冬成虫。

2. **人工防治**　结合其他农事活动，及时剪除卷叶虫苞并销毁，苗圃和幼树上尤为重要。

3. **化学药剂防治**　黄斑卷叶蛾的防治关键是一、二代幼虫孵化盛期，即4月中下旬（花序分离期至开花前）和6月中旬，每代喷药1次即可。有效药剂同"苹小卷叶蛾"生长期喷药。

二十一、黑星麦蛾

【发生规律】 黑星麦蛾1年发生3～4代，以蛹在杂草、落叶和土块下越冬。翌年4月中下旬羽化为成虫。成虫在叶丛或新梢顶端未展开的嫩叶基部产卵，单产或数粒成堆。第一代幼虫于4月中旬开始在嫩叶上取食，稍大后卷叶为害；严重时数头幼虫将枝端叶片缀连在一起，在缀叶团内群集为害。幼虫较活泼，受触动吐丝下垂。5月底在卷叶内结茧化蛹，蛹期约10天。6月上旬开始羽化，以后世代重叠。秋末，老熟幼虫在杂草、落叶等处结茧化蛹越冬。

【防治技术】

1.人工防治　落叶后至萌芽前，彻底清除果园内的枯枝、落叶、杂草，集中销毁，消灭越冬虫蛹。生长期，结合其他农事操作，及时剪除虫苞或枝梢缀叶团，集中深埋或销毁，消灭幼虫及虫蛹。

2.适当喷药防治　黑星麦蛾多为零星发生，一般果园不需单独喷药防治，通过兼防即可。个别发生严重的果园，抓住第一代幼虫为害初期（多为5月上中旬）喷药1次即可。有效药剂同"苹小卷叶蛾"生长期喷药。

二十二、梨星毛虫

【发生规律】 梨星毛虫1年发生1～2代，以二、三龄幼虫在枝干粗皮裂缝内及根茎部附近土壤中结茧越冬。翌年果树萌芽后开始出蛰为害，首先爬至枝梢上钻蛀为害花芽和花蕾；待叶片展开后，幼虫吐丝缀叶呈饺子状，潜伏叶苞内为害。幼虫一生为害7～8张叶片，老熟后在叶苞内化蛹，蛹期约10天。成虫白天静伏,晚上交配产卵,卵多产在叶背面呈不规则块状,卵期7～8天。初孵幼虫为害一段时间后,至二、三龄时开始越冬。管理粗放果园为害较重。

【防治技术】

1.消灭越冬虫源　发芽前刮除枝干粗皮、翘皮,并将刮除组织集中烧毁,消灭越冬虫源。

2.人工捕杀　结合其他农事活动,及时摘除虫苞,集中销毁。虫情较重的果园,在成虫盛发期,于清晨振树,捕杀落地成虫。

3.生长期喷药防治　花芽露绿至花序分离期是药剂防治的关键期,一般果园喷药1次即可;特别严重的果园,可在落花后再喷药1～2次。常用有效药剂有:1.8%阿维菌素乳油3 000～4 000倍液、1%甲氨基阿维菌素苯甲酸盐水乳剂1 500～2 000倍液、25%灭幼脲悬浮剂1 500～2 000倍液、35%氯虫苯甲酰胺水分散粒剂6 000～8 000倍液、10%氟苯虫酰胺悬浮剂1 500～2 000倍液、240克／升甲氧虫酰肼悬浮剂2 000～3 000倍液、48%毒死蜱乳油1 200～1 500倍液、2.5%高效氯氟氰菊酯乳油1 500～2 000倍液、4.5%高效氯氰菊酯乳油1 500～2 000倍液等。

二十三、金纹细蛾

【发生规律】　金纹细蛾1年发生4～5代,以蛹在被害的落叶内越冬。翌年苹果萌芽后逐渐进入羽化期,越冬代成虫多在发芽早的苹果品种上及根蘖苗上产卵。卵多产在嫩叶背面的绒毛下,单粒散产,卵期7～10天。幼虫孵化后从卵底直接钻入叶片内,潜食叶肉,致使被害部位叶背仅残留表皮;叶正面呈筛网状鼓起皱缩,约有玉米粒大小;幼虫潜伏其中,虫斑内有黑色粪便。老熟后在虫斑内化蛹,羽化时蛹壳一半露在表皮之外（叶背）。8

月份为全年为害最严重时期，当一张叶片上有 10 ~ 12 个虫斑时，此叶不久即脱落。各代成虫发生盛期分别为：越冬代 4 月上中旬，第一代 6 月上中旬，第二代 7 月中旬，第三代 8 月中旬，第四代 9 月下旬。

【防治技术】

1. **搞好果园卫生**　落叶后至发芽前，彻底清除果园内外的苹果落叶，集中深埋或烧毁，消灭越冬虫蛹。苹果发芽后开花前，尽量剪除树下无用根蘖苗，集中处理或销毁，消灭第一代卵及幼虫，降低园内虫口密度，减轻树上防治压力。

2. **及时喷药防治**　往年发生严重果园，应重点抓住一、二代幼虫发生初期及时喷药，每代喷药 1 次；然后在三、四代幼虫发生期，每代适当喷药 1 ~ 2 次。具体喷药时间利用金纹细蛾性引诱剂诱捕器进行测报，在成虫盛发高峰后 5 天左右进行喷药。有效药剂有：25% 灭幼脲悬浮剂 1 500 ~ 2 000 倍液、25% 除虫脲悬浮剂 1 500 ~ 2 000 倍液、240 克／升甲氧虫酰肼悬浮剂 2 000 ~ 2 500 倍液、35% 氯虫苯甲酰胺水分散粒剂 8 000 ~ 10 000 倍液、240 克／升虫螨腈悬浮剂 4 000 ~ 5 000 倍液、1.8% 阿维菌素乳油 2 500 ~ 3 000 倍液、25 克／升高效氟氯氰菊酯乳油 1 500 ~ 2 000 倍液、80% 敌敌畏乳油 1 000 ~ 1 500 倍液等。

二十四、旋纹潜叶蛾

【发生规律】　旋纹潜叶蛾 1 年发生 3 ~ 5 代，以蛹主要在枝干树皮缝隙中和粗翘皮下结茧越冬，也可在落叶上结茧越冬，丝质茧呈"工"字形丝幕。翌年苹果花蕾露红时逐渐开始羽化，羽化期持续 1 个多月，盛期发生在苹果花期。成虫白天活动，夜间潜伏，有趋光性，羽化后即可交尾，翌日产卵，寿命 8 天左右。

卵散产于叶背，每雌蛾产卵平均 30 粒。幼虫孵化后直接从卵壳下潜入叶内为害，5 月上中旬始见被害叶片。幼虫老熟后爬出并吐丝下垂到下面叶片的叶背结茧化蛹，羽化后继续繁殖为害。7 ～ 8 月为发生为害盛期，9 ～ 10 月份最后一代幼虫老熟后，脱叶、吐丝下垂到枝干上寻找适宜部位结茧化蛹越冬、或在叶片上结茧化蛹越冬。

【防治技术】

1. 搞好果园卫生　发芽前刮除枝干粗皮、翘皮，将刮下组织集中深埋或烧毁，消灭越冬虫蛹。并彻底清除果园内的枯枝落叶，集中烧毁。

2. 适当喷药防治　旋纹潜叶蛾多为零星发生，结合金纹细蛾喷药兼防即可。个别发生严重果园，需在成虫盛发期及时进行喷药。有效药剂同"金纹细蛾"防治。

二十五、苹梢鹰夜蛾

【发生规律】　苹梢鹰夜蛾在北方果区 1 年发生 1 ～ 2 代，以老熟幼虫在土壤内结茧越冬。翌年 5 月份出现成虫，6 月份为第一代幼虫发生盛期，直到 7 月上旬。老熟幼虫 7 月中旬开始下树在 2 厘米左右土中或地面覆叶下化蛹，蛹期 10 ～ 11 天。7 月下旬第一代成虫开始羽化，8 月上旬羽化结束。第二代幼虫发生在 8 月上旬至 9 月中旬。幼虫非常活泼，稍受惊动即滑溜落地，食料不足时，可转移为害。成虫昼伏夜出，趋光性强。

【防治技术】

1. 加强果园管理　结合果园农事活动，发芽前翻耕树盘，促进越冬幼虫死亡；及时剪除被害虫梢，集中销毁。利用成虫趋光性，在果园内设置黑光灯或频振式诱虫灯，诱杀成虫，并进行预测预报。

2. **适当喷药防治** 苹梢鹰夜蛾多为零星发生，大部分果园不需单独喷药防治。个别发生较重果园，在幼虫发生初期及时进行喷药，每代喷药 1 ~ 2 次即可。有效药剂如：1.8%阿维菌素乳油 2 500 ~ 3 000 倍液、2%甲氨基阿维菌素苯甲酸盐微乳剂 3 000 ~ 4 000 倍液、48%毒死蜱乳油 1 500 ~ 2 000 倍液、4.5%高效氯氰菊酯乳油 1 500 ~ 2 000 倍液、2.5%高效氯氟氰菊酯水乳剂 1 500 ~ 2 000 倍液、25%灭幼脲悬浮剂 1 500 ~ 2 000 倍液、20%氰戊菊酯乳油 1 500 ~ 2 000 倍液等。

二十六、苹掌舟蛾

【**发生规律**】 苹掌舟蛾 1 年发生 1 代，以蛹在寄主根部附近 4 ~ 8 厘米土中越冬。翌年 6 月中下旬出现成虫，7 月中下旬为成虫羽化盛期。成虫昼伏夜出，趋光性强，在叶片背面产卵，常数十粒或百余粒集成卵块，排列整齐。卵期 6 ~ 13 天。幼虫孵化后先群集叶片背面，头向叶缘排列成行，由叶缘向内蚕食叶肉，仅剩叶脉和下表皮。四龄或五龄时开始分散为害。幼虫受惊后吐丝下垂。幼虫白天停息在叶柄或小枝上，头、尾翘起，形似小舟，早晚取食。幼虫期平均为 31 天左右，8 月中下旬为发生为害盛期，9 月上中旬幼虫老熟后下树入土化蛹越冬。管理粗放果园发生较重。

【**防治技术**】

1. **人工防治** 7 月中下旬至 8 月上旬在果园内定期巡回检查，在幼虫群聚为害期及时剪除有虫枝梢及叶片，集中销毁。幼虫扩散后，利用其受惊吐丝下垂的习性，振动有虫树枝，消灭落地幼虫。

2. **药剂防治** 发生为害较重的果园，在幼虫发生为害初期及时喷药，1 次用药即可有效控制该虫的发生为害。效果较好的有效药剂有：25%灭幼脲悬浮剂 1 500 ～ 2 000 倍液、25%除虫脲悬浮剂 1 500 ～ 2 000 倍液、1.8%阿维菌素乳油 2 500 ～ 3 000 倍液、10%氟苯虫酰胺悬浮剂 1 200 ～ 1 500 倍液、4.5%高效氯氰菊酯乳油 1 500 ～ 2 000 倍液、2.5%高效氯氟氰菊酯乳油 1 500 ～ 2 000 倍液、20%氰戊菊酯乳油 1 500 ～ 2 000 倍液等。害虫局部发生时，也可只喷洒有虫枝条，不需全树喷药。

二十七、美国白蛾

【发生规律】　美国白蛾在华北地区 1 年发生 3 代，以蛹在老树皮下、砖石块下、地面枯枝落叶下及表土层内结茧越冬。翌年 4 月下旬至 5 月下旬，越冬代成虫陆续羽化。成虫昼伏夜出，交尾后即开始在叶背产卵，卵单层排列成块状，一块卵有数百粒，多者可达千粒，卵期 15 天左右。初孵幼虫群集吐丝结网，将几张叶片缀联成网幕，群集在网幕内为害。随虫龄增大、食量增加，网幕逐渐扩大。幼虫共 7 龄，低龄幼虫啃食叶肉，残留表皮，将叶片为害成筛网状；随虫龄增大，逐渐将叶片全部吃光；五龄后进入暴食期，将树叶吃光后可转移为害。第一代幼虫 5 月上旬开始为害，一直延续至 6 月下旬。7 月上旬当年第一代成虫出现，第二代幼虫 7 月中旬开始发生，8 月中旬达为害盛期，经常导致整株树叶被吃光的现象。8 月中旬第二代成虫开始羽化，第三代幼虫从 9 月上旬开始为害，直至 11 月中旬。从 10 月中旬开始，第三代幼虫陆续下树寻找隐蔽场所结茧化蛹越冬。

【防治技术】

1. 人工防治　利用低龄幼虫结网幕为害的特性，及时发现并剪除网幕，集中销毁。结合其他农事活动，发现卵块，及时摘除销毁。幼虫分散后，在幼虫下树化蛹前在树干上绑缚草把，诱集下树化蛹的老熟幼虫，定期取下集中处理或烧毁。

2. 生物防治　在美国白蛾老熟幼虫预蛹初期，按1头虫蛹放5头蜂的比例释放白蛾周氏啮小蜂，进行生物防治。

3. 化学药剂防治　发生严重的果园，在幼虫三龄以前（结网幕为害初期）及时进行喷药，每代喷药1次即可。效果较好的药剂有：25%灭幼脲悬浮剂1 500～2 000倍液、20%除虫脲悬浮剂2 000～3 000倍液、1.2%烟碱乳油1 000～1 500倍液、20%虫酰肼悬浮剂1 000～1 500倍液、240克／升甲氧虫酰肼悬浮剂2 500～3 000倍液、10%虱螨脲悬浮剂2 500～3 000倍液、1.8%阿维菌素乳油3 000～4 000倍液、2%甲氨基阿维菌素苯甲酸盐微乳剂4 000～5 000倍液、35%氯虫苯甲酰胺水分散粒剂8 000～10 000倍液、10%氟苯虫酰胺悬浮剂1 500～2 000倍液、4.5%高效氯氰菊酯乳油1 500～2 000倍液、5%高效氯氟氰菊酯乳油3 000～4 000倍液、48%毒死蜱乳油1 500～2 000倍液、14%氯虫·高氯氟微囊悬浮剂3 000～4 000倍液、5%高氯·甲维盐微乳剂1 500～2 000倍液、52.25%氯氰·毒死蜱乳油2 000～2 500倍液等。

美国白蛾是一种杂食性害虫，在果园内喷药的同时，还应注意防治果园周围其他植物上的美国白蛾幼虫。

二十八、天幕毛虫

【发生规律】　天幕毛虫1年发生1代，以完成胚胎发育的幼虫在卵壳内越冬。翌年果树发芽后，幼虫孵出开始为害嫩叶，以后转移到枝杈处吐丝结网。一至四龄幼虫白天群集在网幕中，晚间出来取食叶片；五龄幼虫离开网幕分散到全树暴食叶片，5月中下旬幼虫老熟后陆续在叶片背面或杂草丛中结茧化蛹。6～7月份为成虫盛发期，成虫昼伏夜出，有趋光性，交尾后即可产卵。

卵产于当年生小枝上，一般每雌蛾产一卵块，有 146 ～ 520 粒，少数雌蛾产 2 个卵块。幼虫完成胚胎发育后不出卵壳即开始越冬。

【防治技术】

1. **人工防治**　结合修剪，彻底剪除在小枝上的越冬卵块，集中销毁。春季幼虫结网幕为害期，及时剪除有网幕枝梢，带到园外集中销毁。

2. **诱杀成虫**　利用成虫的趋光性，在果园内设置黑光灯或高压汞灯或频振式诱虫灯，诱杀成虫。

3. **药剂防治**　越冬幼虫出蛰盛期至结网幕为害初期是喷药防治的关键期，喷药 1 次即可有效控制天幕毛虫的发生为害。有效药剂同"美国白蛾"部分。

二十九、舞 毒 蛾

【发生规律】　舞毒蛾 1 年发生 1 代，以卵在石块缝隙或树干背面裂缝处越冬。翌年寄主发芽时开始孵化，初孵幼虫白天多群栖在叶片背面，夜间取食叶片成孔洞，受振动后吐丝下垂借风力传播，故又称秋千毛虫。二龄后分散取食，白天栖息树杈、树皮缝或地面石块下，傍晚上树取食，天亮时又爬到隐蔽场所。雄虫蜕皮 5 次，雌虫蜕皮 6 次，均夜间群集树上蜕皮，幼虫期约 60 天。5 ～ 6 月份为害最重，6 月份中下旬陆续老熟，爬到隐蔽处结茧化蛹，蛹期 10 ～ 15 天。成虫 7 月份大量羽化，有趋光性，雄虫活泼善飞翔，常成群作旋转飞舞，故得名"舞毒蛾"。雌虫很少飞舞，不善活动，交尾后产卵，每雌蛾产 1 ～ 2 个卵块，上覆一层雌蛾腹部末端的体毛。卵块具较强的抗逆性。

【防治技术】

1. **人工摘卵块**　舞毒蛾卵期长达 9 个月以上，卵块常出现在果树枝梢基部或树干上，易发现，可通过人工剪除，集中烧毁进行消灭。

2. **诱杀成虫和幼虫** 利用成虫的趋光性，在成虫发生期内于果园中设置黑光灯或频振式诱虫灯，诱杀成虫。利用幼虫白天下树潜伏习性，在树干基部堆砖石瓦块，诱集二龄后幼虫，白天捕杀。

3. **适当喷药防治** 舞毒蛾发生严重果园，在幼虫发生为害初期喷药1次即可。有效药剂同"美国白蛾"部分。

三十、黄尾毒蛾

【发生规律】 华北果区1年发生2代，以三、四龄幼虫在树干裂缝或枯叶内结茧越冬。果树发芽时，幼虫破茧而出，开始食害新芽和嫩叶。5月下旬至6月上旬出现成虫，成虫趋光性强，交尾后产卵，卵成块状产于叶背或枝干上，覆盖有雌蛾腹末的黄毛。每雌蛾产卵200～550粒，卵期4～7天。6月份为第一代幼虫发生盛期，幼虫期20～37天，老熟后在树干裂缝中或枝叶间结茧化蛹，蛹期约14天。二龄幼虫开始有毒毛，三龄后分散为害，白天停栖叶背阴凉处，夜间取食叶片。第二代成虫7月下旬至8月下旬出现，继续产卵，幼虫孵化后取食不久，至三、四龄即潜伏结茧越冬。

【防治技术】

1. **人工捕杀** 利用幼虫一、二龄群集为害特性，结合其他农事活动，及时剪除群集为害的枝梢或叶片，集中深埋或销毁。捕杀时注意安全防护，以防害虫毒毛侵害人的皮肤、眼睛及呼吸道等。

2. **灯光诱杀** 利用成虫的强趋光性，在成虫发生期内于果园中设置黑光灯、高压汞灯或频振式诱虫灯，诱杀成虫。

3. **适当喷药防治** 黄尾毒蛾多为零星发生，一般果园不需单独喷药防治。个别受害较重果园，在害虫发生为害初期（分散为害前）喷药即可，每代喷药 1 次。有效药剂同"美国白蛾"部分。

三十一、角斑古毒蛾

【发生规律】　角斑古毒蛾在东北 1 年发生 1 代，华北、西北 1 年 2 代，均以幼虫在树皮裂缝内、落叶下或杂草丛中越冬。翌年 4 月越冬幼虫开始为害幼芽、嫩叶，5 月份老熟化蛹，蛹期约 15 天。6 月份成虫羽化，雌蛾在茧内栖息，雄蛾白天飞翔，与雌蛾交尾。雌蛾在茧内外产卵，每卵块有卵百余粒，卵期约 15 天。初孵幼虫先群集啃食叶肉，将叶片食成筛网状；随虫龄增大，幼虫借风力扩散，叶片被食成缺刻、孔洞或被吃光。幼虫为害期主要在 4～8 月份，9 月份后幼龄幼虫陆续越冬。

【防治技术】

1. 人工防治　剪除卵块或初孵幼虫集中为害的枝梢，而后集中销毁。

2. 适当喷药防治　角斑古毒蛾多为零星发生，一般果园不需单独喷药防治。个别发生较重的果园，在幼虫发生为害初期喷药 1 次即可。有效药剂同"美国白蛾"部分。

三十二、绿尾大蚕蛾

【发生规律】　绿尾大蚕蛾 1 年发生 2 代，以茧蛹附在枝干或地面覆盖物下越冬。翌年 5 月中旬羽化、交尾、产卵，卵期 10 余天。第一代幼虫于 5 月下旬至 6 月上旬发生，7 月中旬化蛹，蛹期 10～15 天。7 月下旬至 8 月份为一代成虫发生期。第二代幼虫 8 月中旬开始发生，9 月中下旬后陆续结茧化蛹越冬。成虫昼伏夜出，有趋光性，飞翔力强。卵喜产在叶背或枝干上，常数粒产在一起，成堆或排开，每雌蛾产卵 200～300 粒。成虫寿命 7～12 天。初孵幼虫群集取食，二、三龄后分散为害。幼虫行动迟缓，食量大，每头幼虫可食 100 多张叶片。幼虫老熟后在枝上贴叶吐丝结茧化蛹。第二代幼虫老熟后下树，附在枝干或其他植物上吐丝结茧化蛹越冬。

【防治技术】 结合农事操作，人工摘除产卵叶片和茧蛹，减少虫口数量。在果园内设置黑光灯或频振式诱虫灯，诱杀成虫。该虫多为零星发生，不需单独喷药防治。个别发生严重的果园，在低龄幼虫期喷药防治 1 次即可，有效药剂同"美国白蛾"部分。

三十三、山楂粉蝶

【发生规律】 山楂粉蝶 1 年发生 1 代，以二至三龄幼虫群集在树梢上或枯叶的"冬巢"中越冬。翌年 3 月下旬开始陆续出巢，先期食害嫩芽和花，而后吐丝连缀叶片成网巢，在网巢内群集为害。幼虫稍大后离巢分散为害。幼虫有吐丝下垂习性，四龄后不吐丝，但有假死性。幼虫期 20 天左右。5 月上中旬幼虫陆续老熟，老熟幼虫以丝固着在枝条上化蛹。预蛹期 2～3 天，蛹期 17～21 天，5 月下旬开始羽化。成虫在叶面上产卵，卵成块状，每卵块数十粒至百余粒，卵期 15～19 天。7 月上中旬幼虫孵化，群居为害，二、三龄期缀叶成冬巢在枝干上越冬。冬巢冬季不脱落，内有几十头甚至上百头幼虫。

【防治技术】

1. 人工防治 结合冬剪，彻底剪除越冬"虫巢"，集中深埋或销毁。生长季节，发现集中为害的网巢及时剪除，而后深埋或销毁。幼虫分散后，利用其假死习性，人为振树将幼虫振落，集中消灭。

2. 适当喷药防治 山楂粉蝶属零星发生害虫，在防治其他害虫时考虑兼防即可。个别发生严重果园，在幼虫发生为害初期（最好在分散为害前）需及时喷药1次。有效药剂同"美国白蛾"部分。

三十四、黄 刺 蛾

【发生规律】 黄刺蛾在北方果区1年发生1代，南方果区发生2代，均以老熟幼虫在枝条上结石灰质茧越冬。翌年5月中旬开始化蛹，5月下旬出现成虫。成虫昼伏夜出，有趋光性，在叶片背面产卵，散产或数粒聚集一起。每头雌蛾产卵49～67粒。6～7月份为幼虫为害盛期。初孵幼虫取食叶片的下表皮和叶肉，稍大后将叶片吃成不规则的缺刻或孔洞，大龄幼虫可将整个叶片吃光，仅留叶脉和叶柄。第二代幼虫出现在8～10月份。从7月上旬开始，幼虫陆续老熟做茧越冬。

【防治技术】

1. 人工防治 结合冬季冬剪，彻底剪除越冬虫茧，集中销毁。发生为害较重果园，还应注意剪除周围防护林上的越冬虫茧。生长季节结合果园管理，尽量人工捕杀幼虫。

2. 诱杀成虫 利用成虫趋光性，在果园内设置黑光灯或频振式诱虫灯，有效诱杀成虫。

3. 药剂防治 为抓住幼虫发生为害初期进行喷药防治，每代喷药1次即可。常用有效药剂有：25%灭幼脲悬浮剂1 500～2 000倍液、20%虫酰肼悬浮剂1 500～2 200倍液、1.8%阿维菌素乳油3 000～4 000倍液、2%甲氨基阿维菌素苯甲酸盐微乳剂3 000～4 000倍液、20%氟苯虫酰胺水分散粒剂3 000～4 000倍液、4.5%高效氯氰菊酯乳油1 500～2 000倍液、5%高效氯氟氰菊酯乳油 3 000 ～ 4 000 倍液、20%甲氰菊酯乳油 1 500 ～ 2 000 倍液、48%毒死蜱乳油或 40%可湿性粉剂 1 500 ～ 2 000 倍液、50%马拉硫磷乳油 1 500 ～ 2 000 倍液、5%高氯·甲维盐微乳剂 1 500 ～ 2 000 倍液、52.25%氯氰·毒死蜱乳油 2 000 ～ 2 500 倍液等。

三十五、绿 刺 蛾

【发生规律】 绿刺蛾在东北和华北地区 1 年发生 1 代，在河南和长江下游地区发生 2 代，均以老熟幼虫在树干基部根颈周围 2 ～ 5 厘米深的土层中结茧越冬。翌年春末夏初，越冬幼虫化蛹、羽化。成虫昼伏夜出，有趋光性，产卵于叶背近主脉处，卵粒排列成鱼鳞状卵块，每头雌蛾产卵 150 粒左右。初孵幼虫先吃掉卵壳，然后取食叶片下表皮和叶肉，残留上表皮，使被害叶呈筛网状。三龄以前幼虫具群集性，四龄后逐渐分散为害，六龄以后食量增大，常将叶片吃光，只剩主脉和叶柄。8 月份幼虫为害最重，8 月下旬至 9 月下旬幼虫陆续老熟，入土结茧越冬。

【防治技术】

1. **人工防治** 上年为害严重果园，早春在树干周围土中挖寻虫茧，或翻耕树盘，消灭越冬幼虫。生长季节结合果树管理，及时剪除幼虫群集为害叶片及枝梢，杀灭低龄幼虫。

2. **适当喷药防治** 一般果园不需单独喷药防治，结合其他害虫喷药进行兼治即可。少数为害严重果园，在幼虫发生为害初期需及时喷药 1 次。常用有效药剂同"黄刺蛾"防治用药。

三十六、扁 刺 蛾

【发生规律】 扁刺蛾在北方果区 1 年发生 1 代，长江下游地区发生2代，均以老熟幼虫在树下3～6厘米深土层内结茧越冬。1代发生区5月中旬开始化蛹，6月上旬成虫开始羽化、产卵，发生期很不整齐。卵多散产于叶面，初孵幼虫先取食卵壳，再啃食叶肉，残留表皮，大龄幼虫直接蚕食叶片。6月中旬至8月上旬均可见初孵幼虫，8月份为害最重。8月下旬后幼虫陆续老熟，入土结茧越冬。

【防治技术】　参照"绿刺蛾"。

三十七、桑褶翅尺蠖

【发生规律】　桑褶翅尺蠖1年发生1代，以蛹在树干基部地下数厘米处贴附树皮上的茧内越冬，翌年3月中旬开始陆续羽化。成虫趋光性强，白天潜伏，夜晚活动，有假死习性，受惊后落地，卵产于枝干上。4月初孵化出幼虫，食害叶片。幼虫停栖时常头部向腹面卷缩于第五腹节下，以腹足和臀足抱握枝条。5月中旬幼虫老熟后爬到树干基部寻找化蛹处吐丝作茧化蛹，越夏、越冬。各龄幼虫均有吐丝下垂习性，受惊后或虫口密度大、食量不足时，即吐丝下垂随风飘扬，转移为害。

【防治技术】

1. **加强果园管理**　入冬前在树干基部周围挖寻越冬蛹茧，集中销毁。生长期在成虫发生期内于果园中设置黑光灯或频振式诱虫灯，诱杀成虫。结合其他农事活动，及时剪除带卵块枝条，集中烧毁。

2. **适当喷药防治**　本虫一般果园不需单独喷药防治，与其他害虫综合防治即可。个别发生严重果园，在低龄幼虫发生为害期需及时喷药1次。有效药剂同"黄刺蛾"防治用药。

三十八、黑绒鳃金龟

【发生规律】黑绒鳃金龟1年发生1代,以成虫在土壤中越冬。翌年4月中旬出蛰,4月末至6月上旬为发生盛期。5月中旬成虫在土中产卵,6月中旬出现初孵幼虫,8月初三龄幼虫在土中化蛹,9月上旬成虫羽化后在原处越冬。成虫有假死性、趋化性和趋光性,多在傍晚或晚间出土活动,白天在土缝中潜伏。据观察,黑绒鳃金龟一般在下午4时左右开始出土,5时左右开始爬树,5时半开始食害幼芽和嫩叶,零时左右开始下树,钻进约10厘米土壤中。成虫交尾盛期在5月中旬,雌虫产卵于15~20厘米深的土壤中,卵散产或5~10粒集于一处,每头雌虫产卵30~100粒。6月中旬开始孵化出幼虫,幼虫3龄共需80天左右,在土中取食腐殖质及植物嫩根,老熟后在30~45厘米深土层中化蛹,蛹期10~12天。

【防治技术】

1. **套袋防啃食** 新栽果树,定干后套袋,防止嫩芽被害。所用袋以直径为5~10厘米、长50~60厘米的塑料袋或纸袋为宜,袋的顶端封闭后套于定干的幼苗上,下部扎严,袋上扎5~10个直径为2~3毫米的小孔。待成虫盛发期过后及时取下。

2. **振树捕杀成虫** 利用成虫的假死性,在成虫上树为害时段内振动枝干,将成虫振落,树下铺上塑料薄膜,集中捕杀成虫。一般选择温暖无风的傍晚(6~8时)进行。

3. **诱杀成虫** 糖醋液诱杀:在成虫发生期内,将配好的糖醋液装入罐头瓶内悬挂在树上(每667米² 挂10~15只糖醋液瓶),引诱金龟子飞入瓶中,集中杀灭。糖醋液配方为红糖5份、醋20份、白酒2份、水80份。灯光诱杀:设置黑光灯或频振式诱虫灯进行诱杀。

4. 地面用药防治 利用成虫入土栖息的习性，在成虫发生期内于地面撒施药剂。一般使用48%毒死蜱乳油300～500倍液、或50%辛硫磷乳油300～500倍液喷洒树盘，将土壤表层喷湿；或每667m² 均匀撒施5%辛硫磷颗粒剂5千克、或15%毒死蜱颗粒剂1～1.5千克。然后浅锄或耙松土表，对成虫杀灭效果很好。

5. 树上喷药防治 成虫发生量较大时，也可树上喷药防治，在傍晚后喷药较好，并应选用触杀性强的速效性药剂。效果较好的药剂有：48%毒死蜱乳油1 200～1 500倍液、20%丁硫克百威乳油1 500～2 000倍液、5%高效氯氟氰菊酯乳油2 500～3 000倍液、4.5%高效氯氰菊酯乳油1 000～1 500倍液、50%马拉硫磷乳油800～1 000倍液等。

三十九、铜绿丽金龟

【发生规律】 铜绿丽金龟1年发生1代，以三龄幼虫在地下越冬。翌年春季随气温回升，越冬幼虫开始向上移动，5月中旬前后继续取食农作物和杂草的根部一段时间，老熟后做土室化蛹。6月初成虫开始出土，6月份至7月上旬为集中严重为害期，长约40天。成虫昼伏夜出，多在傍晚进行交配，晚8时后开始取食为害树叶，直至凌晨3～4时飞离果树入土中潜伏。成虫喜欢栖息在疏松、潮湿的土壤中，潜入深度一般为7厘米左右。成虫有较强的趋光性和假死性，活动最适温度为25℃，最适相对湿度70%～80%，夜晚闷热无雨活动最盛。成虫6月中旬在果树下的土壤内或大豆、花生、甘薯、苜蓿等地内产卵，每次产卵20～30粒。7月间出现新一代幼虫，取食寄主植物的根部，10月中上旬幼虫在土中下迁越冬。

【防治技术】

1. **捕杀成虫** 利用成虫的假死性，于傍晚成虫开始活动时振动树枝，捕杀成虫。利用成虫的趋光性，在果园内设置黑光灯或频振式诱虫灯，诱杀成虫。

2. **药剂防治** 成虫发生较多时，及时树下土壤表层用药和树上喷药，有效杀灭成虫。有效药剂及用药方法同"黑绒鳃金龟"部分。

四十、苹毛丽金龟

【发生规律】苹毛丽金龟1年发生1代，以成虫在土壤内越冬。辽宁、山东省果区4月上中旬开始出土，4月下旬至5月中旬为出土盛期，5月下旬基本结束。出土早的成虫先在发芽早的林木上为害，待果树发芽开花时则转移到果树上为害。成虫喜欢取食花、嫩叶，且多群集为害，有时一个花丛上有10余头成虫，将花蕾、花和嫩叶吃光。4月中下旬成虫开始在土中产卵，每雌虫平均产卵20余粒，卵期20～30天。幼虫为害植物根部，经60～70天后陆续老熟，7月下旬开始做蛹室化蛹，8月中下旬为化蛹盛期，蛹期15～20天。成虫羽化后在蛹室内越冬。成虫早期白天上树为害，夜间下树入土潜伏；当气温达15℃～18℃时，白天和夜间都停留在树上。成虫有假死习性，但无趋光性。

【防治技术】

1. **人工捕杀** 利用成虫的假死性，在成虫发生期内于清晨或傍晚摇动树体，振落成虫，而后集中捕杀。

2. **药剂防治** 虫量发生较大时，早期对树下土壤表面施药，毒杀入土成虫。后期可以树上喷药，杀灭树上成虫。地面和树上用药方法及有效药剂同"黑绒鳃金龟"部分。

四十一、白星花金龟

【**发生规律**】 白星花金龟1年发生1代,以幼虫在腐殖质土和厩肥堆中越冬。翌年成虫5月份上旬出现,6～7月份为发生盛期,9月份为发生末期。成虫白天活动夜间潜伏,喜群聚为害,对果汁和糖醋液有趋性,有假死性,受惊动后飞走或掉落,寿命较长。早期为害花冠使花朵谢落,7月后逐渐开始为害果实,造成果实坑疤或腐落。成虫通过补充大量营养后于6月底开始交配产卵,卵多产在腐殖质含量高的牛、羊粪堆下或腐烂的作物秸秆垛下的土壤中,深度10～15厘米。卵期约10天,孵化后的幼虫在土中和堆肥中栖息,取食腐殖质,秋后寻找适宜场所越冬。

【**防治技术**】

1.捕杀成虫 利用成虫的假死性,在清晨或傍晚振树捕杀成虫;利用成虫的趋化性,在果园内悬挂小口容器的糖醋液诱捕器,诱杀成虫。

2.树下施药 在成虫羽化出土前,树下喷施或撒施药剂,毒杀成虫。用药方法及有效药剂同"黑绒鳃金龟"部分。

3.加强施肥管理 果园内使用有机肥时,一定要经过充分腐熟,促使害虫卵和幼虫死亡。

四十二、小青花金龟

【**发生规律**】小青花金龟1年发生1代,北方地区以幼虫越冬,江苏省果区幼虫、蛹及成虫均可越冬。以成虫越冬的翌年4月上旬开始出土活动,4月下旬至6月为盛发期;以老龄幼虫越冬的,成虫在5～9月份陆续出现,雨后出土较多。成虫白天活动,春季多群聚在花序及嫩叶上为害。成虫喜食花器，有随寄主开花早晚而转移为害的习性，飞行力强，有假死性。风雨天或低温时常栖息在花上不动，夜间入土潜伏或在树上过夜，成虫经取食后交尾、产卵。卵散产在土中、杂草或落叶下，尤其偏向腐殖质多的场所。幼虫孵化后以腐殖质为食，长大后为害根部，但地上没有明显异常，老熟后在浅土层化蛹。

【防治技术】 振树捕杀成虫与地面施药及树上喷药相结合，具体措施、操作方法及有效药剂同"黑绒鳃金龟"部分。

四十三、苹果透翅蛾

【发生规律】 苹果透翅蛾1年发生1代，以幼虫在树皮下虫道内越冬。春季果树萌芽时，越冬幼虫开始蛀食为害，开花前达为害盛期。5月中旬开始羽化出成虫，6～7月份为羽化盛期，羽化时将蛹壳一半带出羽化孔。成虫白天活动，取食花蜜，交尾后在枝干裂皮及伤疤边缘等处产卵。幼虫孵化后即蛀入皮层为害。

【防治技术】

1. 刮粗皮，挖幼虫　晚秋和早春，结合刮粗翘皮，仔细检查主枝、侧枝等大枝枝杈处、树干伤疤处、多年生枝橛及老翘皮附近，发现虫粪及黏液时，立即挖出幼虫杀死。

2. 受害处涂药　9月份幼虫蛀入不深，虫龄较小，可用涂药法杀死小幼虫，如80%敌敌畏乳油10倍液或80%敌敌畏乳油1份＋19份煤油配制的混合液等。用毛刷在被害处涂刷，即可杀死皮下幼虫。

四十四、苹小吉丁虫

【发生规律】 苹小吉丁虫1年发生1代，以低龄幼虫在蛀道内越冬。4月上旬幼虫开始为害，5月中旬达严重为害期，5月下旬幼虫老熟后在蛀道内化蛹，蛹期12天。6月中旬出现成虫，7月中旬至8月初为成虫发生高峰期，持续20天左右。8月下旬达到产卵高峰，卵多产在枝干的向阳面。9月上旬为幼虫孵化高峰，幼虫孵化后立即蛀入表皮下为害。10月中下旬幼虫开始越冬。成虫白天活动，具有假死性。

【防治方法】

1. **人工防治**　利用成虫的假死性，人工捕捉落地成虫。结合修剪及农事活动，及时清除枯枝死树、剪除虫梢，在成虫羽化前集中烧毁；不能清除的树体枝干，及时人工挖虫，即将虫伤处的老皮刮去、用刀将皮下的幼虫挖出杀死，然后伤口处涂抹5波美度石硫合剂，保护伤口及促进伤口愈合。

2. **药剂防治**　春季果树发芽前至秋季落叶后，在枝干被害处（有黄白色胶滴处）涂抹煤油敌敌畏合剂（1～2千克煤油＋80%敌敌畏乳油0.1千克搅拌均匀），杀死蛀入枝干的幼虫。也可用注射器将药液注入蛀孔内，有效药剂如48%毒死蜱乳油或80%敌敌畏乳油30～50倍液等。害虫发生面积大且严重时，在成虫发生期内使用触杀性强的速效性药剂对树干及树冠进行喷药，有效药剂如：48%毒死蜱乳油1 200～1 500倍液、90%敌百虫晶体或80%敌敌畏乳油1 000～1 500倍液、50%马拉硫磷乳油1 200～1 500倍液、50%杀螟硫磷乳油800～1 000倍液、5%高效氯氟氰菊酯乳油2 500～3 000倍液等。

四十五、桑天牛

【发生规律】　桑天牛2～3年完成1代，以幼虫在被害枝干内越冬，翌年春季开始活动为害。经过2个冬天后，幼虫在第三年 6 ~ 7 月间老熟，随即在枝干最下 1 ~ 3 个排粪孔的上方外侧咬 1 个羽化孔，使树皮略肿胀或破裂，而后在羽化孔下 7 ~ 12 厘米处作蛹室化蛹。成虫羽化后自羽化孔钻出，啃食枝干皮层、叶片和嫩芽补充营养，10 ~ 15 天后开始产卵，寿命长约 40 天。成虫喜欢在 2 ~ 4 年生、直径 10 ~ 15 毫米的枝上产卵，产卵前先将树皮咬成"U"形伤口，然后将卵产在中间的伤口内，每处产卵 1 ~ 5 粒，每雌虫产卵约 100 粒。初孵幼虫先向上蛀食约 10 毫米，然后调头向下蛀食，并逐渐深入心材，每蛀食 6 ~ 10 厘米时，向外蛀一排粪孔排出粪便。幼虫多位于最下 1 个排粪孔的下方。越冬幼虫因蛀道底部有积水，多向上移。

【防治方法】

1. **人工防治**　在成虫发生期内及时捕杀，力争消灭在产卵之前。成虫产卵后根据产卵处特点，挖杀卵粒及初龄幼虫。发现新鲜排粪孔后，用细铁丝插入虫道刺杀内部幼虫；或用敌敌畏药棉堵塞新鲜排粪孔，或用注射器向排粪孔内注入 80% 敌敌畏乳油 300 倍液，毒杀幼虫。

2. **适当树上喷药**　桑天牛发生为害严重果园，在 7 ~ 8 月间成虫取食活动期，全树喷施强触杀性的速效性药剂，杀灭成虫。有效药剂同"苹小吉丁虫"部分。

四十六、星 天 牛

【发生规律】　星天牛 1 年或 2 年完成 1 代，以幼虫在树干基部或主根虫道内越冬。5 月中旬成虫开始羽化，6 月上旬达羽化盛期。成虫在高温强光时，有午息特性。幼虫孵化后先食害韧皮组织，在皮层与木质部间多横向为害，二龄时贴韧皮部取食木质部，在距地面 5 厘米左右处将树皮咬一个通气、排粪孔，以后向地下部分为害。老熟幼虫在 11 ～ 12 月份开始越冬，翌年春季化蛹，蛹期 30 天左右。幼虫期约 10 个月。

【防治方法】以人工防治为主，具体措施参见"桑天牛"部分。

四十七、苹果枝天牛

【发生规律】苹果枝天牛 1 年发生 1 代，以老熟幼虫在被害枝条的蛀道内越冬。翌年 4 月份开始化蛹，5 月上中旬为化蛹盛期，蛹期 15 ～ 20 天。5 月上旬开始出现成虫，5 月下旬至 6 月上旬达成虫发生盛期。成虫白天活动取食，5 月底至 6 月初开始产卵，6 月中旬为产卵盛期。成虫多在当年生枝条上产卵，产卵前先将枝梢咬一环沟，再由环沟向枝梢上方咬一纵沟，卵产在纵沟一侧的皮层内。初孵幼虫先在沟内蛀食，然后沿髓部向下蛀食，隔一定距离咬一圆形排粪孔，排出黄褐色颗粒状粪便。7 ～ 8 月份被害枝条大部分已被蛀空，枝条上部叶片枯黄，枝端逐渐枯死。10 月间幼虫陆续老熟，在隧道端部越冬。

【防治技术】调运苗木时严格检查，彻底消灭带虫枝条内的幼虫，控制虫源。5 ～ 6 月份成虫发生期内人工捕杀成虫。6 月中旬后结合其他农事活动检查产卵伤口，及时剪除被产卵枝梢，集中销毁。7 ～ 8 月间注意检查，发现被害枝梢及时剪除，集中销毁。

四十八、芳香木蠹蛾

【发生规律】芳香木蠹蛾 2 ～ 3 年发生 1 代，以幼虫在蛀道内和树干基部附近深约 10 厘米的土层内做茧越冬。越冬幼虫翌年 4 ～ 5 月份化蛹，6 ～ 7 月份羽化为成虫。成虫昼伏夜出，趋光性弱，寿命平均 5 天左右。卵多产在树干基部 1.5 米以下或根颈结合部的裂缝内或伤口处，每卵块有几粒至百粒左右，每雌蛾平均产卵245粒。初孵幼虫群集为害，多从根颈部、伤口处、树皮裂缝内或旧蛀孔处蛀入皮层，入孔处有黑褐色粪便及褐色树液。小幼虫在皮层中为害，逐渐蛀入木质部，此时常有几十条幼虫聚集在皮下为害，受害处皮层极易剥落，从蛀孔处排出细碎均匀的褐色木屑。随幼虫龄期增大，逐渐分散在树干的同一段内蛀食，并逐渐蛀入髓部，形成粗大而不规则的蛀道。幼虫老熟后从树干爬出，在树干附近根际处或离树干几米处的土埂、土坡等向阳干燥的土壤中结薄茧越冬。幼虫被触及时，能分泌出具有麝香气味的液体，故称芳香木蠹蛾。第三年春，在土壤内越冬后的幼虫离开越冬薄茧，在土壤中重新结茧化蛹。

【防治技术】

1. **人工防治**　在成虫产卵前，树干涂白，防止成虫产卵。及时清除并烧毁严重被害树，消灭虫源。幼虫为害初期，当发现根颈皮下有幼虫为害时，可撬起皮层挖除皮下群集幼虫。老熟幼虫脱离树干入土化蛹时（9月中旬以后），进行人工捕杀。

2. **药剂防治**

（1）成虫产卵期防治　在树干2米以下喷洒48%毒死蜱乳油400～500倍液、或25%辛硫磷胶囊剂200～300倍液，毒杀虫卵和初孵幼虫。

（2）幼虫为害期防治　在幼虫蛀入木质部为害后，先刨开根颈部土壤，清除孔内虫粪，然后用注射器向虫道内注射80%敌敌畏乳油或50%辛硫磷乳油或48%毒死蜱乳油30～50倍液，直到药液外流为止；如果幼虫尚未蛀入木质部，则使用48%毒死蜱乳油或80%敌敌畏乳油或50%辛硫磷乳油100～200倍液喷淋主干受害处及其根颈部，杀灭幼虫。

四十九、豹纹木蠹蛾

【发生规律】　豹纹木蠹蛾 1 年发生 1～2 代，以幼虫在被害枝内越冬。翌年春季转蛀新枝条，被害枝梢枯萎后，可再次转移甚至多次转移为害。5 月上旬开始化蛹，蛹期 16～30 天。5 月下旬逐渐羽化，成虫寿命 3～6 天，羽化后 1～2 天内交尾产卵。成虫昼伏夜出，有趋光性。在嫩梢上部叶片或芽腋处产卵，散产或数粒在一起。7 月份幼虫孵化，多从新梢上部芽腋蛀入，并在不远处开一排粪孔，被害新梢 3～5 天内枯萎，此时幼虫从枯梢中爬出，向下移到不远处重新蛀入为害。1 头幼虫可为害枝梢 2～3 个。为害至 10 月中下旬后幼虫在枝内越冬。

【防治技术】

1. 加强果园管理　结合冬季及夏季修剪，及时剪除被害虫枝，集中烧毁。在成虫发生期内（多从 5 月中旬开始），于果园内设置黑光灯或频振式诱虫灯，诱杀成虫。

2. 适当喷药防治　害虫发生严重果园，在 7 月份幼虫孵化期结合其他害虫防治及时喷药，以触杀性药剂效果较好。有效药剂有：48%毒死蜱乳油 1 200～1 500 倍液、20%氰戊菊酯乳油 1 500～2 000 倍液、20%甲氰菊酯乳油 1 500～2 000 倍液、5%高效氯氟氰菊酯乳油 3 000～4 000 倍液、50%马拉硫磷乳油 1 200～1 500 倍液、20%丁硫克百威乳油 1 500～2 000 倍液、52.25%氯氰·毒死蜱乳油 1 500～2 000 倍液等。

五十、康氏粉蚧

【发生规律】　康氏粉蚧 1 年多发生 3 代，以卵囊在树干及枝条的缝隙内及土壤缝隙等处越冬。翌年果树发芽时，越冬卵孵化为若虫，在树皮缝隙内或爬至嫩梢上刺吸为害。第一代若虫发生盛期在5月中下旬，第二代为7月中下旬，第三代在8月下旬。雌、雄交尾后，雌成虫爬到枝干粗皮裂缝内或果实萼洼、梗洼等处产卵，有的将卵产在土壤内。产卵时，雌成虫分泌大量棉絮状蜡质结成卵囊，在囊内产卵，每雌成虫可产卵200～400粒。康氏粉蚧属活动性蚧类，除产卵期的成虫外，若虫、雌成虫皆能随时变换为害场所。该虫具有趋阴性，在阴暗场所居留量大，为害较重。苹果套袋后，成虫、若虫能通过袋口缝隙钻入袋内，对果实进行为害。康氏粉蚧一代若虫多在树皮裂缝及幼嫩组织处为害，在套袋苹果上为害果实的约占30%左右，二、三代以为害果实为主。

【防治技术】

1. **消灭越冬虫源**　发芽前刮除枝干粗皮、翘皮，破坏害虫越冬场所，消灭越冬害虫。

2. **药剂防治**　搞好第一代若虫防治为基础（5月中下旬），抓住第二代若虫防治为重点（7月中下旬），监控第三代若虫为辅助（8月下旬左右）。特别是套袋果园，一定要将康氏粉蚧杀灭在进袋之前。一般果园第一代若虫喷药1次，第二代若虫喷药1～2次，第三代若虫喷药1～2次。效果较好的药剂有：48%毒死蜱乳油或微乳剂1 200～1 500倍液、25%噻虫嗪水分散粒剂2 000～3 000倍液、25%噻嗪酮可湿性粉剂1 000～1 500倍液、52.25%氯氰·毒死蜱乳油1 500～2 000倍液、22.4%螺虫乙酯悬浮剂2 500～3 000倍液、5%啶虫脒乳油2 000～2 500倍液、70%吡虫啉水分散粒剂6 000～8 000倍液、20%甲氰菊酯乳油1 500～2 000倍液等。

3. **诱杀成虫**　进入秋季后，在树干上绑缚草把，诱集产卵成虫，进入冬季后解下集中烧毁。

五十一、草 履 蚧

【发生规律】草履蚧1年发生1代,以卵在土壤中越夏和越冬。翌年1月下旬至2月上旬,越冬卵开始孵化,初孵若虫抵御低温力强,但要在地下停留数日,随温度上升逐渐开始出土。孵化期持续1个多月。若虫出土后沿枝干向上爬至梢部、芽腋或初展新叶的叶腋处刺吸为害,初期白天上树为害夜间下树潜藏,随温度升高逐渐昼夜停留在树上。雄性若虫4月下旬化蛹,5月上旬羽化,羽化期较整齐,前后2周左右。雄成虫羽化后即觅偶交配,寿命2～3天。雌性若虫3次蜕皮后变为成虫,经交配后再为害一段时间即潜入土壤中产卵。卵外包有白色蜡丝裹成的卵囊,每囊有卵100多粒。

【防治技术】

1.阻止若虫上树　2月上中旬在若虫上树前,将树干基部树表皮刮光滑,然后在近地面处绑扎宽10厘米的塑料薄膜阻隔带,或在树干中下部捆绑开口向下的塑料裙,阻止若虫上树。或者在树干中下部涂抹宽约10厘米的黏虫胶带,阻止若虫上树并黏杀若虫。

2.适当喷药防治　草履蚧发生严重的果园,在若虫上树为害初期(发芽前),选择晴朗无风的午后全树喷药,杀灭树上若虫。有效药剂有:48%毒死蜱乳油800～1 000倍液、52.25%氯氰·毒死蜱乳油1 000～1 200倍液、22.4%螺虫乙酯悬浮剂1 500～2 000倍液、20%甲氰菊酯乳油1 000～1 200倍液等。

3.保护和利用天敌　草履蚧的天敌有黑缘红瓢虫、红环瓢虫、大红瓢虫等,对草履蚧的发生为害有一定控制作用,应注意保护。

五十二、朝鲜球坚蚧

【发生规律】 朝鲜球坚蚧1年发生1代，以二龄若虫在枝干裂缝、伤口边缘或粗皮处越冬，越冬位置固定后分泌白色蜡质覆盖身体。翌年4月上中旬若虫从蜡质覆盖物下爬出，固着在枝条上吸食汁液为害。雌虫逐渐膨大呈半球形，雄虫成熟后化蛹。5月初雄虫羽化，与雌虫交尾后不久即死亡。雌虫于5月下旬抱卵于腹下，抱卵后雌成虫逐渐干缩，仅留空介壳，壳内充满卵粒，6月上旬左右开始孵化。初孵若虫爬出母壳后分散到枝条上为害，至秋末蜕皮变为二龄若虫，随即在蜕皮壳下越冬。

【防治技术】

1. **消灭越冬虫源** 果树萌芽初期，全园喷施1次3～5波美度石硫合剂、或45%石硫合剂晶体40～60倍液、或5%矿物油乳剂等，杀灭越冬若虫。

2. **人工防治** 在4月中旬虫体介壳膨大期，对枝条上集中为害的介壳用手或木棒挤压抹杀，或结合春季修剪及时剪除虫量较大的枝条，并集中带到园外销毁。

3. **生长期喷药防治** 朝鲜球坚蚧为害严重的果园，在初孵若虫从介壳下爬出扩散的末期，全树喷药1次，有效杀灭若虫。有效药剂同"康氏粉蚧"生长期喷药。

4. **保护和利用天敌** 朝鲜球坚蚧的重要天敌是黑缘红瓢虫，生长期喷药时尽量避免使用广谱性杀虫剂。

五十三、梨 圆 蚧

【发生规律】 梨圆蚧在苹果上1年发生3代，以二龄若虫和少数受精雌成虫在枝干上越冬。翌年早春树液流动后开始在越冬处刺吸汁液为害，若虫越冬的蜕皮后雌雄分化。5月中下旬至6月上旬羽化为成虫，随后即行交尾，交尾后雄虫死亡，雌虫继续取食至6月中旬开始卵胎生产仔，至7月上中旬结束。世代重叠严重，在5月中旬至10月间田间均可见到成虫、若虫发生为害。进入秋末后，以二龄若虫及少数受精雌成虫越冬。

【防治技术】以消灭越冬虫源和生长期喷药防治相结合，具体措施方法及有效药剂同"朝鲜球坚蚧"防治技术。

五十四、大青叶蝉

【发生规律】大青叶蝉在北方地区多1年发生3代，以卵在枝条表皮下越冬。翌年4月下旬开始孵化，初孵若虫1小时后便转移到农作物和杂草上取食为害，并在这些寄主上繁殖两代。第三代若虫为害晚秋作物和蔬菜，到9月下旬，成虫羽化后先在秋菜等质地较幼嫩作物上取食为害，10月中旬左右开始飞向果园。成虫趋光性很强，经过补充营养后交尾产卵，将卵产在光滑的果树枝条上越冬，特别喜欢在1～3年生幼树枝干上产卵。果园内间作白菜、萝卜、薯类等多汁作物时，果树受害较重；果园内杂草丛生、管理粗放时，果树受害也较重。

【防治技术】

1. **加强果园管理**　果树行间及果园周围避免种植秋季蔬菜及薯类,如白菜、萝卜、甘薯等；并在秋季搞好果园卫生，清除园内杂草等。幼树果园秋季在果园内设置黑光灯或频振式诱虫灯，诱杀成虫。

2. **幼树果园适当喷药**　如果果园周围或果园内种植有大量秋季蔬菜，最好于10月上中旬在果树上喷药（果园内蔬菜尽早收获，收获后及时喷药），杀灭已转移至果树上但尚未产卵的成虫，7天左右1次，连喷1～2次。有效药剂有：48%毒死蜱乳油或水乳剂1000～1500倍液、80%敌敌畏乳油1000～1500倍液、4.5%高效氯氰菊酯乳油1500～2000倍液、2.5%高效氯氟氰菊酯乳油1500～2000倍液、52.25%氯氰·毒死蜱乳油1500～2000倍液等。

五十五、蚱　蝉

【发生规律】 蚱蝉4～5年完成1代，以卵在枝条内或以若虫在土壤中越冬。若虫一生在土壤中生活，老熟后在黄昏及夜间钻出土表，上树蜕皮羽化。6月底老熟若虫开始出土，通常于傍晚和晚上从土内钻出，爬到树干、枝条、叶片等处羽化为成虫。成虫刺吸树木汁液，寿命长约60～70天，7月中旬至8月中旬为羽化盛期，7月下旬开始产卵，8月上中旬为产卵盛期。雌虫产卵时用产卵器刺破树皮，将卵产在1～2年生的枝梢木质部内，每卵孔有卵6～8粒，一个枝上可产卵达90粒，造成被产卵枝条枯死。蚱蝉严重发生地区，在秋末常见满树枯枝梢。越冬卵翌年6月份孵化为若虫，而后钻入土中为害根部，秋后向深土层移动越冬，翌年随气温回暖，上移刺吸根部为害。

【防治技术】

1. 人工捕捉出土若虫　在老熟若虫出土始期，在果园及周围所有树木主干中下部缠贴一环宽5～10厘米的塑料胶带，阻止若虫上树，然后每天夜间（晚8～11时）或清晨捕捉若虫或刚羽化的成虫，食之或出售。

2. 灯火诱杀成虫　成虫具有较强的趋光性，夜晚在树旁点火或用强光灯照明，然后振动树枝（大树可爬到树叉上振动），成虫会飞向火堆或强光处，集中捕杀。

3. 剪除产卵枯梢　秋季大范围剪除产卵枯梢，集中烧毁。连续几年，蚱蝉发生量显著降低。